いちばんやさしい 60代からの Facebook
フェイスブック

柴田 和枝 著

日経BP社

目　次

本書の使い方 .... (4)

第1章　Facebook をはじめよう

レッスン1　Facebook とは 2
1. Facebook の特徴 2
2. Facebook とその他の SNS との違い 4
3. Facebook の「いいね！」のしくみ 5
4. 個人ページと Facebook ページ 5

レッスン2　アカウントの登録 7
1. アカウント作成 7
2. プロフィール設定 11
3. プロフィール写真の設定 13
4. カバー写真の設定 14

レッスン3　友達の検索 20
1. 友達の検索方法 20
2. 友達リクエスト 22

第2章　近況を投稿しよう

レッスン1　Facebook の画面 28
1. ホームページ 28
2. ニュースフィード 29
3. プロフィールページとタイムライン 34

レッスン2　近況や写真の投稿 36
1. 近況の投稿 36
2. 写真の投稿 40

レッスン3　「いいね！」とコメント 42
1. 友達の投稿に「いいね！」 42
2. コメント 43
3. コメントへの返信 45

レッスン4　いろいろな投稿 46
1. アルバムの投稿 46
2. シェア 52
3. リンクの投稿 54

第3章　メッセージを送ろう

レッスン1　チャットとメッセージ 56
1. チャットとは 56
2. メッセージとは 57
3. Messenger のインストール 58

レッスン2　メッセージの送信 60
1. メッセージの送信方法 60
2. メッセージの確認 63
3. 複数の友達へのメッセージの送信 65

レッスン3　メッセージのいろいろな機能 71
1. 写真やファイルの送信 71
2. スタンプ・絵文字・「いいね！」の送信 73
3. 音声通話・ビデオ通話 77

(2)

第4章　グループで交流しよう

レッスン1　グループの見つけ方 **80**
1. グループとは 80
2. グループ発見機能 80
3. グループの検索 83
4. グループへの参加 84

レッスン2　グループの作成 **86**
1. グループの作成方法 86
2. 友達の追加 89

レッスン3　グループでの情報共有 **92**
1. グループへの投稿 92
2. ファイルの投稿 94
3. 投稿の固定 95
4. 投稿の保存 95

第5章　Facebookをもっと楽しもう

レッスン1　Facebookページ **102**
1. Facebookページの検索 102
2. Facebookページへの「いいね！」 103
3. 投稿記事への「いいね！」とコメント 106

レッスン2　イベント **109**
1. イベントを探す 109
2. イベントの作成 112

レッスン3　Facebookのいろいろな楽しみ方 **118**
1. 日記としての利用 118
2. ゲームで遊ぶ 121
3. 写真の編集 125
4. いろいろなメニュー 127

第6章　Facebookを安全に使おう

レッスン1　Facebookのマナー **130**
1. 利用上のマナーのポイント 130

レッスン2　プライバシーの設定 **132**
1. プライバシーの設定を変更する場所 132
2. 公開から友達への設定変更 133
3. タグ付けの設定変更 136

レッスン3　セキュリティの設定 **139**
1. ログイン・ログアウト 139
2. パスワードの変更 140
3. 二段階認証 141

レッスン4　その他の設定 **145**
1. お知らせメール 145
2. 追悼アカウント 147
3. アカウントの利用解除 152

おわりに 157

索引 158

（3）

本書の使い方

本書は Facebook の基本的な使い方を学び、安心して Facebook を利用するためのシニア世代向け入門書です。Facebook は機能が多く、仕事で利用する人も多い SNS ですが、本書では、シニア世代のアクティブライフを想定した機能や楽しみ方を紹介しています。

本書は全 6 章から構成されており、Facebook への登録、友達リクエスト、ニュースフィードへの投稿や「いいね！」の使い方などの基本から、メッセージやグループ機能の活用法、ひとりでも楽しめるゲームや日記としての使い方など、日常的に Facebook を利用する楽しさに溢れています。文字も読みやすい大きさで、操作手順の画面をふんだんに使って解説していますので、Facebook をこれからはじめたいと考えている人はもちろんのこと、すでに利用しているけどもっと使いこなしたいと考えている人にも楽しく学んでいただけます。

また、プライバシーやセキュリティの設定方法についても詳しく紹介しています。きちんとした知識を持ってマナーを守れば不安は解消できます。よりよい人とのつながりはシニア世代にこそ必要なもの。充実した毎日を送るための SNS 活用書として本書をご利用いただき、読者の皆様の世界が広がる一助になれば幸いです。

著書より

■ 表記について

● 表記について
・ 画面上にその文字が使われている場合には、［　］で囲んで示します。
　 例：［設定］をタップします
・ キーボードで入力する文字は、「　」で囲んで示します。

●　画面について
・ 操作の対象となる個所などは、赤い枠で囲んでいます。
・ 操作方法は、パソコンの場合は Windows、スマートフォンの場合は iOS での操作を掲載しています。Android での操作は、iOS と大きく変わらないため一部を除き省略しています。

■ 実施環境について

● 本書の執筆環境は、下記を前提としています。
・ パソコン環境：Windows 10 Home、Google Chrome
・ スマートフォン環境：iPhone 6、iPhone X、SHARP Android One X1
　　　　　　　　　　　iOS 11.2.5、Android 8.0.0

※スマートフォンのモデル、また iOS や Android、Facebook アプリのバージョンによって、画面の表示が本書と異なる場合があります。

本書に記載されている操作手順や画面の内容・情報は、本書の発行時点で確認済みのものです。これらは OS やアプリのバージョンアップなどによって予告なしに変更されることがあります。あらかじめご了承ください。
また、本書の画面で使用している氏名、他のデータは、一部を除いてすべて架空のものです。

第1章

Facebookをはじめよう

Facebook（フェイスブック）は、インターネット上で友達とつながり、さまざまなコミュニケーションを楽しむことができるSNS（ソーシャル・ネットワーキング・サービス）です。利用するには、アカウントが必要となります。早速アカウントを取得して、友達とつながりましょう。Facebookは友達とのよりよいつながりを求めてするもの。あなたの世界が広がっていくことを楽しみましょう。

レッスン1　Facebookとは 2
レッスン2　アカウントの登録..................................... 7
レッスン3　友達の検索 20

レッスン1　Facebookとは

Facebook（フェイスブック）は、インターネット上で友人や知人、家族とつながり、さまざまなコミュニケーションを楽しむことができる米国の Facebook 社のサービスです。

1. Facebookの特徴

Facebook（フェイスブック）は、**ソーシャル・ネットワーキング・サービス（SNS）**と呼ばれるインターネット上のコミュニティで、**友人や知人、家族とつながり、さまざまなコミュニケーションを楽しむことができる無料サービス**です。今世界で一番使われています。日本国内におけるユーザー数は約2,800万人（2017年9月現在）。世界ではなんと約20億人（2017年6月現在）。日本でも世界でも年々増加の傾向にあります。

インターネットが登場してから現在まで広がってきた背景には、「検索エンジン」の存在があります。私たちは、何か知りたいことがある時や困っていることがある時に、検索エンジンを使って調べることが当たり前になりました。**商品やサービス、店舗などを選択する際に、口コミ情報やレビューを参考にしますが、それらの情報の信憑性については判断しづらい**ことがあるのも事実です。

Facebook の一番の特徴である**実名投稿**は、「何を」言っているのかよりも「誰が」言っているのかを明らかにします。ゆえに責任のある投稿がなされ、**投稿内容への信頼性は高まります**。
また、実名を登録することでお互いの素性がわかり、安心してコミュニケーションをとることができます。実名のほかにプロフィールを登録することで検索が絞り込まれ、**なかなか会えない古い友人と出会うことができる**のも Facebook の楽しさのひとつと言えるでしょう。

Facebookでは、実際に面識があり、知り合いとしてお互いが確認し合った相手を「友達」として登録します。友達が近況を投稿すると自分の**ニュースフィード**に表示されますが、「いいね！」したり、コメントを付けたりした友達の投稿を優先して表示するのも Facebook のおもしろいところです。

ほかにも、メンバーとだけ情報を共有できる**グループ**、メールのようにやり取りできる**メッセージ**などは、大変便利な機能です。コミュニティやサークル、仕事上でも日々の連絡や確認などに、活用することができます。

パソコンだけでなく、スマートフォンやタブレット端末に Facebook アプリを入れて、いつでもどこにいても気軽に Facebook を見たり、投稿したりできるのも魅力です。

いつも持ち歩いているスマートフォンで写真を撮ったら投稿してみましょう。散歩の途中で見つけた四季折々の花や風景、レストランでの会食や懐かしい友人との再会などを投稿して、友達と共有するのは楽しいものです。

投稿に共感したら、「いいね！」を押して相手に気持ちを伝えましょう。**コメントを入れなくても「いいね！」だけで気持ちを伝えることができる**のも、Facebookならではの特徴です。

Facebookは、**家族との日々の連絡に利用したり、日記代わりにしたりすること**もできます。旅の行程や行った先々での写真を投稿して旅日記として利用したりするのにも利用できます。
いろいろな利用方法があるFacebook。あなたらしい使い方を見つけて大いに楽しみましょう。

コラム　Facebookの由来

「Facebook」という名前は、アメリカの一部の大学で慣習になっていた、学生間の交流を促すために新入生全員の顔写真をアルバムにして配布していたその本の通称に由来しています。Facebookは、この印刷物のデジタル版としてハーバード大学で誕生しました。その開発者が、当時コンピューター科学専攻の2年生だったマーク・ザッカーバーグです。後の2004年、彼はハーバード大学の同級生だったエドゥアルド・サベリンとFacebook社を創業しました。

マーク・ザッカーバーグは、「世界をよりオープンにつなげる」というミッションを掲げ、着実にその歩みを進めています。Facebook社は、世界のユーザー数約20億人、時価総額48兆円の企業になり、グーグルやアップルと並んで世界に変革をもたらした立役者として評価され、彼は世界有数のCEO（最高経営責任者）であり、慈善活動家としても称されています。

Facebookやマーク・ザッカーバーグについては、書籍「フェイスブック　若き天才の野望　5億人をつなぐソーシャルネットワークはこう生まれた」（日経BP社　2011年初版　著者デビット・カークパトリック）、「フェイスブック　不屈の未来戦略」（TAC出版　2017年初版　著者マイク・ホフリンガー）に記されているほか、映画「ソーシャル・ネットワーク」（2010年アメリカ映画）でも描かれています。

2. Facebookとその他のSNSとの違い

Facebookは世界でもっとも使われているSNS（ソーシャル・ネットワーキング・サービス）ですが、SNSとしてよく知られているものには、Twitter（ツイッター）、LINE（ライン）、Instagram（インスタグラム）などがあります。それぞれに次のような特徴があります。

● **Twitter（ツイッター）**

140文字以内の投稿（ツイート）をして、みんなで共有するサービスです。ツイートは「鳥のさえずり」という意味の英語で、「つぶやき」と呼ばれることもあります。ユーザーがリアルタイムの情報を伝えられるメディアの一種として、さまざまなシーンで活用されるようになり、広がりました。

ほかのユーザーをフォローすると、自分以外のユーザーの発言を自分のページに表示させることができます。有名人も多く登録しており、日々の行動を垣間見ることができます。

ハッシュタグと呼ばれる「＃」（半角のシャープ）が付いたキーワードをいっしょに投稿することで検索しやすくなり、同じ経験や同じ興味を持つ人のさまざまな意見を閲覧したり、**リツイート**というしくみで拡散したりできます。匿名で登録できるため、面識がない交流も多いのが特徴です。

● **LINE（ライン）**

LINEは、スマートフォンのアプリを中心に、無料でメッセージや通話、写真、スタンプなどが気軽にやり取りできるコミュニケーションツールです。

トークや無料通話のほかにも、複数のメンバーで連絡を取り合うのに便利な**グループトーク**、友だち同士でSNSのように使える**タイムライン/ホーム**、著名人や企業などから情報を取得できる**公式アカウント**、LINEと連動して遊べる**LINEゲーム**など、さまざまな機能、サービスが用意されています。

ユーザー数は、2017年時点で日本国内だけでも約7,100万人以上が利用しており、若者だけではなく、幅広い世代にとって欠かせないコミュニケーションツールとなっています。

● **Instagram（インスタグラム）**

Facebook傘下のインスタグラムは、**写真や動画の投稿に特化したSNS**です。スマートフォン向けアプリを使って、撮影した写真や動画に簡単なコメントを付けて投稿します。

写真加工用のフィルターで簡単に洗練されたおしゃれな写真に加工して投稿できることから、一般人だけでなく著名人やセレブなどのユーザーも使いはじめ、人気になりました。自分がフォローした人の写真がタイムラインに流れ、好きな写真に「いいね！」やコメントができ、写真によるコミュニケーションを楽しむことができます。

また、Twitterと同じようにハッシュタグを付けて投稿することで、投稿写真を検索しやすくなり、面識のない人にも共感を伝えることができます。

3. Facebookの「いいね！」のしくみ

Facebookのしくみである「いいね！」ボタンは、押すことで簡単に投稿相手に気持ちを伝えることができます。コメントを書くのが面倒でも、ボタンひとつで共感の意思を相手に伝えることができるようになったのは、コミュニケーションという面から見て大変画期的なことです。
「いいね！」ボタンを押すと、押した人の名前が表示され、その名前を押すとその人のタイムラインを表示することができます。
面識のない人でも、「いいね！」でつながることができ、友人の輪が広がります。

4. 個人ページとFacebookページ

Facebookには、**個人ページ**と**Facebookページ**があります。
個人ページは、実名で登録した個人のページです。Facebook上で友達になった家族や友人・知人など、知り合い同士で交流する場です。
個人ページには以下のような特徴があります。

・本名でのみ登録ができる。
・友達申請ができる（5,000人まで）。
・友達になった人の個人ページに「いいね！」や書き込みができる。
・広告は出せない。
・投稿した内容は、GoogleやYahoo!などの検索の対象にならない。
・Facebookにログインしている人しか見られない。

これに対して、**Facebookページ**は、企業や団体、著名人などが最新の活動を発信したり、ユーザーとコミュニケーションをとったりするために作成し公開しているページです。

Facebookページのファンになると、そのFacebookページに関する情報をチェックすることができます。
Facebookページには以下のような特徴があります。

・企業名やサービス名などで登録ができる。
・Facebookページに「いいね！」を押してくれた人は「ファン」として扱われるため、ファンの人は無制限になっている。
・Facebookにログインしていない人でも見ることができる。
・複数の管理人で運用管理ができる。
・Facebookページとしてメッセージを受け取れるので、お問い合わせに使うことができる。
・Facebook上で広告が出せる。さらに、インサイト（投稿や広告に対しての反応を調べる・機能）が使える。
・投稿した内容は、GoogleやYahoo!などの検索の対象になる。

Facebookページについては、第5章の「レッスン1　Facebookページ」を参照してください。

レッスン2　アカウントの登録

Facebookを利用するには、**アカウントの登録**が必要となります。名前とメールアドレスまたは携帯電話番号で登録することができます。早速、アカウントを取得してみましょう。

1. アカウント作成

実際にFacebookに登録をしてみましょう。アカウントの作成は無料です。
※本書に登場するのは架空の人物です。

パソコンの場合

① ブラウザを起動します。ここではGoogle Chrome（グーグルクローム）を使用しています。
② アドレスバーに次のURLを入力します。

> http://www.facebook.com/

③ Facebookのホームページが表示されます。
④ ［姓］、［名］、［携帯番号またはメールアドレス］、［パスワード］（6文字以上の英数字の組み合わせを自分で決めます）を入力し、生年月日を入力して、［アカウントを作成］をクリックします。
　※メールアドレス、パスワードは必ず控えておきましょう。

Facebook アカウント

登録したメールアドレス	
登録した携帯電話番号	
パスワード	

⑤ ［メールアドレスを認証］の画面が表示されたら、［Gmailにログイン］をクリックします。
　※ここでは登録メールアドレスにGmailを利用しているため、下記のような画面となっています。

⑥ 登録したメールアドレスに登録完了手続きのメールが届きます。Facebookの登録完了手続きのメールを開きます。
⑦ ［アカウントを認証］をクリックします。

⑧ ［友達を検索］の画面が表示されます。ここでは［次へ］をクリックします。
　※あとからゆっくりと友達リクエストを送ることができるので、ここでは友達リクエストやFacebookへの招待はしないでおきます。
⑨ ［Facebookへようこそ］の画面が表示されます。

● メールアドレスの認証
登録するメールアドレスによっては、メールアドレスを認証する画面が表示されます。その場合は、Facebookから送られてきたメールを受信し、記載されている認証コードを入力します。
この場合の認証コードは、メールアドレスと本人を確認するためのものなので、保管しておく必要はありません。

8

スマートフォンの場合

① App Store から Facebook アプリを検索し、［入手］をタップします。
② ［インストール］をタップします（Android は Play ストアからインストールします）。
③ インストールが終了します。［開く］をタップします。

④ ［Facebook に登録］をタップします。
⑤ ［登録］をタップします。
⑥ ［メールアドレスを使用］をタップします。※携帯電話番号で登録することもできます。

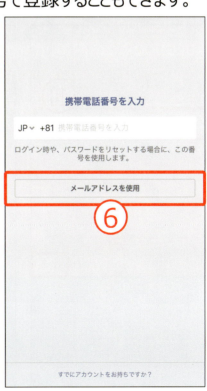

9

⑦ メールアドレスを入力し、［Go］をタップします。
⑧ 名前を入力し、［開く］をタップします。
⑨ パスワードを入力し、［Go］をタップします。
　※パスワードは、6文字以上の英数字の組み合わせを自分で決めます。

⑩ 年、月、日のダイヤルを回して生年月日を設定し、［次へ］をタップします。
⑪ ［性別］をタップします。
⑫ 「"Facebook"は通知を送信します。よろしいですか？」と表示されたら、［許可］をタップします。

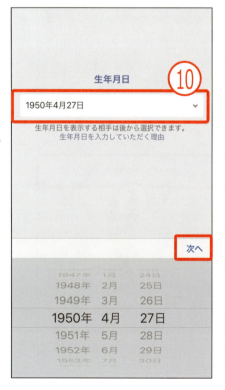  

⑬ ［スキップ］をタップします。プロフィール画像の追加はあとからします。
⑭ ［スキップ］をタップします。友達リクエストはあとからします。
⑮ 登録したメールアドレスの送られてきた認証コードを入力して、［送信する］をタップします。
⑯ 登録が完了します。

2. プロフィール設定

名前や出身地、経歴、趣味などさまざまなプロフィールを登録できます。**プロフィールは、友達を探したり、自分をほかのユーザーに知らせたりする大切な要素**となります。簡単なプロフィールを登録してみましょう。
※スマートフォンの場合は、「4．カバー写真の設定」のあとで説明しています。

パソコンの場合

① 画面右上に表示されている自分の名前をクリックします。
② ［基本データ］をクリックします。

11

③ 登録したい項目をクリックします。ここでは［住んだことがある場所］をクリックし、［居住地を追加］をクリックします。
④ ［居住地］ボックスに県名などを入力します。一覧が表示された場合は該当する項目をクリックします。

⑤ ［変更を保存］をクリックします。
⑥ 居住地が追加されていることを確認します。

⑦ もう一度、画面右上に表示されている自分の名前をクリックしてタイムラインに戻ります。

3. プロフィール写真の設定

プロフィール写真は、友達に自分をアピールする大事な要素のひとつです。Facebook 上での友達は実際に顔見知りであることが前提なので、顔がきちんとわかる写真を設定しましょう。
※ここでは、架空の人物なのでイラストを使用しています。

パソコンの場合

① ［写真を追加］をクリックします。
② ［写真をアップロード］をクリックします。

③ 保存先から好きな写真を選択し、［開く］をクリックします。
④ 写真の下のハンドルをドラッグしてサイズを調整したり、写真をドラッグして位置を調整したりすることができます。
⑤ ［保存］をクリックします。

⑥ 写真がアップロードされ、プロフィールに表示されます。

13

4. カバー写真の設定

プロフィール写真の後ろに表示される**カバー写真**を追加しましょう。ここに表示される画像で自分らしさを表現することができます。カバー写真はいつでも変更できます。季節ごとに変更しても構いません。お気に入りの写真を選びましょう。

パソコンの場合

① ［カバー写真を追加］をクリックします。
② ［OK］をクリックします。

③ ［写真をアップロード］をクリックします。
④ 保存先から好きな写真を選択し、［開く］をクリックします。

⑤ 写真をドラッグすると、位置を調整することができます。
⑥ ［変更を保存］をクリックします。
⑦ 写真がアップロードされ、カバー写真に表示されます。

スマートフォンの場合

プロフィール写真やカバー写真を追加します。その後で、居住地を登録してみましょう。

① 画面右下の [≡] ［その他］（Androidは右上）をタップし、［名前］をタップします。
② ［写真を追加］をタップします。

③ カメラロールからプロフィールで使用する写真をタップします。
④ ［使用する］をタップします。
⑤ ［カバー写真を追加］をタップします。

15

⑥ カメラロールからカバーで使用する写真をタップします。
⑦ カバー写真が挿入されます。写真をドラッグすると、位置を調整することができます。
⑧ ［保存］をタップします。

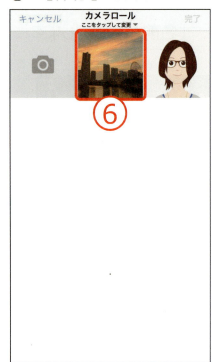

⑨ 次に居住地を追加します。［プロフィールを編集］をタップします。
⑩ ［基本データを編集］をタップします。
⑪ ［居住地を追加］をタップします。

⑫ 居住地を入力し、［保存する］をタップします。
⑬ 居住地が表示されていることを確認します。

やってみよう！

基本データを追加してみましょう。
※項目はたくさん用意されていますが、すべて入力しなくても構いません。

- **職歴と学歴**：職場、仕事上のスキル、大学、高校を追加します。
- **住んだことがある場所**：出身地、スポット（住んだことがあるほかの場所）
- **連絡先と基本データ**：携帯電話、住所、Webサイトなど
- **家族と交際ステータス**：交際ステータス（独身、既婚など）、家族
- **詳細情報**：自分について、ほかの名前（ニックネームなど）、好きな言葉
- **ライフイベント**：詳細な出来事、プロフィールなど

基本データの公開範囲を設定してみましょう。
※公開範囲は、［公開］、［友達］、［自分のみ］、［カスタム］が設定できます。

17

登録した際の生年月日は初期設定では公開になっています。生まれた年（年齢）を表示したくない場合は、以下の手順で非表示に設定しましょう。

パソコンの場合

① ［基本データ］をクリックし、［連絡先と基本データ］をクリックします。
② 誕生年の右にある［編集する］をクリックします。

③ 誕生年の右にある設定ボタンをクリックし、［自分のみ］をクリックします。
④ ［変更を保存］をクリックします。誕生日は表示されますが、誕生年は非表示となります。

スマートフォンの場合

① ［プロフィールを編集］の［基本データを編集］をタップし、画面を下にスクロールします。
② ［基本データ］の［編集する］をタップします。
③ 誕生年の右側にある設定ボタンをタップします。
④ ［その他のオプション］をタップします。

⑤ ［自分のみ］をタップします。
⑥ 画面を下にスクロールし、［保存する］をタップします。

レッスン3　友達の検索

友人を探してみましょう。Facebookは、よりよいつながりを求めて行うものです。友人を見つけたら**友達リクエスト**をして、友達になりましょう。

1．友達の検索方法

Facebookを使っている友達を検索します。

パソコンの場合

① 画面左上の［検索］ボックスに、Facebookを使っている友人の名前を入力し、［検索］ボタンをクリックします。
② 表示された一覧の中から友人を見つけたらクリックします。

③ 友人のタイムラインが表示されます。

20

スマートフォンの場合

① 画面上の［検索］ボックスをタップします。
② Facebookを使っている友人の名前を入力します。
③ 表示された一覧の中から友人を見つけたらタップします。
④ 友人のタイムラインが表示されます。

Androidでは次のような画面になります。

2. 友達リクエスト

友人を見つけたら、**友達リクエスト**を送ってみましょう。

パソコンの場合

① 友人のタイムラインの［友達になる］をクリックします。
② ［友達リクエスト送信済み］と表示されます。
③ ［ホーム］をクリックして、自分のホームページに戻ります。

④ 友人のFacebook画面の右上に、友達リクエストが届きます。
⑤ 友人が［友達リクエスト］をクリックし、［確認］をクリックすると、友達として追加されます。

⑥ 自分の［友達リクエスト］に通知が届きます。クリックすると、友人が友達リクエストを承認したことが確認できます。

スマートフォンの場合

① 友人のタイムラインの［友達になる］をタップします。友達リクエストが送信されます。
② もっと友達を探したければ［友達になる］をタップします。ひとまず終了する場合は、［プロフィールへ戻る］をタップします。

③ 友人のFacebook画面に、友達リクエストが届きます。［友達リクエスト］をタップします。
④ ［承認する］をタップします。
⑤ リクエストが承認されます。

23

⑥ 自分の［友達リクエスト］に通知が届きます。
⑦ タップすると、友人が友達リクエストを承認したことが確認できます。

Androidでは［友達になる］をタップすると、次のような画面が表示されます。［×］をタップして、ウィンドウを閉じます。友人が承認すると、通知が届きタップして確認します。

- **友達が検索できない**

漢字名で検索できない場合は、ローマ字名を入力すると検索できる場合があります。

- **同姓同名に要注意！**

Facebookでは同姓同名をよく見かけます。顔写真やプロフィールなどで知り合いであると確信が持てる場合以外は、友達リクエストは控えましょう。

- **友達リクエストにはひと言添えて！**

あまり親しくない知り合いに友達リクエストを送る際には、「○○でご一緒の△△です」、「○○でお会いしてご挨拶させていただいた△△です」など、自分がどこでの知り合いなのかがわかるようなひと言をメッセージで添えるようにしましょう。
メッセージについては、「第3章 メッセージを送ろう」を参照してください。

- **「知り合いかも」機能**

Facebookには、知り合いと思われるユーザーを自動的に探してくれる「知り合いかも」という機能があります。その際に参考にしているのが、「共通の友達」、「職歴・学歴」、「所属しているネットワーク」、「インポートした連絡先」などです。
共通の友人がいたり、プロフィール情報が類似していたり、一方が他方の連絡先を保有していたりすれば、お互いが知り合いである可能性は高くなります。
学生時代の懐かしい友人を見つけることができたり、あなたを見つけて友達リクエストをしてきたりする可能性もある一方で、知らない人が表示されることに違和感を覚える人もいることでしょう。
表示された人が知り合いでない場合は、［削除する］を選択して、表示されないようにすることができます。その際、相手には通知はされません。
また、何もしないままにしておいても、問題はありません。

パソコンの場合

25

スマートフォンの場合

Facebookでは、プライバシーやセキュリティについて詳細に設定することができます。詳しくは、「第6章 Facebookを安全に使おう」を参照してください。

第2章
近況を投稿しよう

Facebook の画面を確認し、基本となるホームページのニュースフィードとプロフィールページのタイムラインの違いについて学びます。Facebook の画面構成を把握できたら、まずは自分の近況やお気に入りの写真などを投稿してみましょう。次に、友達の投稿に「いいね！」を押したり、コメントを投稿したりします。投稿に慣れてきたら、いろいろな投稿をやってみましょう。

レッスン1　Facebookの画面 28
レッスン2　近況や写真の投稿 36
レッスン3　「いいね！」とコメント 42
レッスン4　いろいろな投稿 46

レッスン1　Facebookの画面

Facebookの画面のどこにどのような機能が配置されているのか全体を把握し、友達の最新投稿が表示される**ニュースフィード**と、自分自身に関する事柄が表示される**タイムライン**の違いを確認しましょう。

1. ホームページ

Facebookにログインした時に表示されるページを**ホームページ**といいます。ホームページにはニュースフィードや投稿スペース、機能の一覧、広告をはじめとするさまざまなお知らせが掲載されています。

ホームページは、ログイン時のほか［ホーム］や画面左上のFacebookロゴをクリックすると表示されます。ホームページの画面を確認しましょう。

28

2. ニュースフィード

ホームページにある**ニュースフィード**は、自分自身や友人が投稿した近況、写真、自分がフォローしたFacebookページの記事、Facebookからの広告などが表示されます。画面を下にスクロールすることで過去の記事をさかのぼって閲覧できます。
友人の投稿に「いいね！」を付けたり、コメントしたりするのもニュースフィードで行うので、Facebookの基本となるところです。

スマートフォンの場合

● **iPhoneの画面**
ニュースフィードは、画面下のメニューから［ニュースフィード］をタップして表示します。

29

メニューをタップして、それぞれの画面を確認しましょう。

リクエスト	お知らせ	その他
	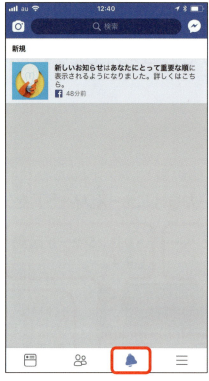	

- **リクエスト** ：友達リクエストと「知り合いかも」の友達候補リストが確認できます。
- **お知らせ** ：自分の投稿への友達のコメントや「いいね！」をしてくれた投稿がわかります。
また、フォローしているFacebookページに投稿があると知らせてくれます。
- **その他** ：さまざまなFacebookのメニューが表示されます。表示されるメニューの順番は使用頻度などによって異なります。
自分の名前からは、タイムラインの表示、アクティビティログの確認、プライバシーの設定などができます。

● **アクティビティログ**

投稿したり、友達の投稿にコメントを付けたり、「いいね！」をしたりといった、Facebook上での行動が、アクティビティログとして記録されています。アクティビティログは自分しか見ることができません。

● **Android の画面**

Android のメニューは画面上に表示されます。アイコンの配置に多少の違いはありますが、基本的な操作方法はほぼ iPhone 版の Facebook アプリと変わりません。

31

● **友達の投稿が表示されない！**
友達が近況や写真を投稿しているのに、自分のニュースフィードに表示されないことがあります。
これは［並べ替え］の種類が［ハイライト］になっているためです。
ニュースフィードの［並べ替え］は次の2つから選択できます。

・**ハイライト** ：頻繁にやり取りのある友達の記事や、「いいね」や「コメント」が多く付いた記事
　　　　　　　　など、Facebookが自分にとって重要だと判断した記事を選んで表示します。
・**最新情報** ：新着記事を先に表示します。

最新情報への切り替え方法は次の手順です。

パソコンの場合

① 画面上の［ホーム］をクリックして、ホームページを表示します。
② 画面左上の［ニュースフィード］の右にある［・・・］をクリックします。
③ ［最新情報］をクリックすると、ニュースフィードが新着順になります。
　※［ハイライト］をクリックすると、ハイライト順になります。

スマートフォンの場合

① 画面右下の [☰] ［その他］をタップします。
② 画面を上にスクロールし、［もっと見る］をタップします。
③ ［フィード］をタップします。

④ ［最新情報］をタップすると、ニュースフィードが新着順になります。
　※別のメニューに切り替えて、ニュースフィードの画面に戻ってくると、再びハイライト表示に戻ります。

3. プロフィールページとタイムライン

ホームページの［自分の名前］をクリックすると表示される画面を**プロフィールページ**といいます。自分に関する基本情報や友達一覧、自分の投稿記事が表示されるタイムラインなどで構成されています。
タイムラインは、投稿した文章、写真、動画のほか、自分がタグ付けされた友達の投稿やライフイベントなど、自分に関する事柄が積み重なっていきます。

パソコンの場合

① ホームページの［自分の名前］をクリックします。

② プロフィールページが表示されます。

スマートフォンの場合

① ニュースフィードの［顔写真］をタップします。または画面右下の ☰ ［その他］をタップし、［自分の名前］をタップします。
② プロフィールページが表示されます。

③ 画面を上にスクロールすると、タイムラインが表示されます。

35

レッスン2　近況や写真の投稿

タイムラインに近況を文章にして投稿してみましょう。次に、写真も一緒に投稿してみましょう。写真だけではなく動画も投稿できます。風景やペットの様子などいろいろ投稿してみましょう。

1．近況の投稿

日々の出来事や今していること、感じたことなどを自由に文章にして投稿しましょう。投稿の際には共有範囲に気を付けます。近況の投稿はタイムラインからでもニュースフィードからでもできます。ここでは、ニュースフィードから投稿しています。

パソコンの場合

① ニュースフィードの投稿の入力欄の［今なにしてる？］をクリックします。
② 近況を入力します。

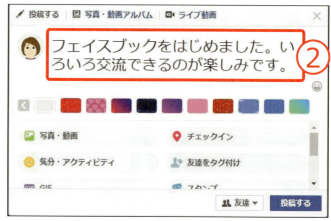

③ 共有範囲をクリックし、［友達］をクリックします。
④ ［投稿する］をクリックします。

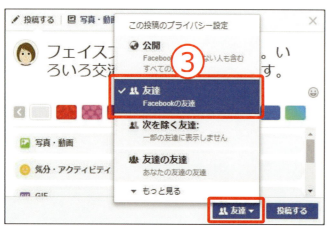
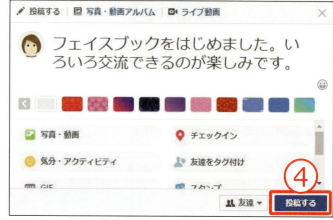

⑤ 投稿された記事が表示されます。
⑥ ［自分の名前］をクリックします。
⑦ タイムラインに投稿した記事が表示されていることを確認します。

スマートフォンの場合

① ニュースフィードの投稿の入力欄の［今なにしてる？］をタップします。
② 近況を入力します。
③ 共有範囲をタップします。
④ ［友達］をタップし、［✓］を付けて［完了］をタップします。

37

⑤ ［シェアする］をタップします。
⑥ 投稿された記事が表示されます。

● 投稿の共有範囲
投稿した記事を誰と共有するのか、投稿ごとに設定することができます。
共有範囲は、［公開］、［友達］、［次を除く友達（友達-次を除く）］、［友達の友達］、［一部の友達］、［自分のみ］の6つが指定できます。
　［公開］にした場合は、Facebook ユーザーなら誰でも投稿を閲覧することができます。内容や状況に応じて、共有範囲に気を付けて投稿するようにしましょう。自分の投稿を閲覧できる人を初期設定で［友達］に設定する方法は、「第6章　Facebook を安全に使おう」を参照してください。

● 投稿した記事を削除したい！
投稿した記事は、削除することができます。手順は次の通りです。
また、手順の途中で表示される同じメニューの［投稿を編集］を選択して投稿を編集することもできます。
たとえば、投稿したあとに、誤字や脱字を発見したり、表現を変更したりする場合、投稿を修正して、［保存する］をクリックすると変更が反映されます。

パソコンの場合

① 投稿した記事の右上の［・・・］をクリックし、［削除する］をクリックします。
② ［投稿を削除］をクリックします。

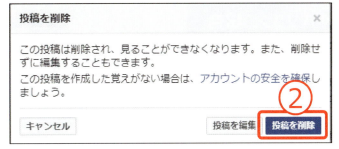

スマートフォンの場合

① 投稿した記事の右上の［・・・］をタップします。
② ［削除する］をタップします。
③ ［投稿を削除］をタップします。

2. 写真の投稿

あらかじめ用意してある写真を文章と一緒に投稿しましょう。

パソコンの場合

① ニュースフィードの投稿の入力欄の［写真・動画］をクリックします。
② 保存先から写真を選択し、［開く］をクリックします。

③ この写真についての文章を入力し、［投稿する］をクリックします。
④ 投稿された写真と文章が表示されます。

⑤ 写真をクリックすると、大きく表示されます。
⑥ ［×］をクリック、または【Esc】キーを押すと、元の画面に戻ります。

スマートフォンの場合

① ニュースフィードの投稿の入力欄の［写真］をタップします。
② カメラロールから写真を選択し、［完了］をタップします。
③ 写真についての文章を入力し、［シェアする］をタップします。

④ ［今すぐシェア］をタップします。
⑤ 投稿された写真と文章が表示されます。
⑥ 写真をタップすると、大きく表示されます。［×］をタップすると、元の画面に戻ります。

レッスン3 「いいね！」とコメント

友達の投稿に**「いいね！」**をしてみましょう。クリック、またはタップひとつで共感を相手に伝えられる「いいね！」は Facebook の素晴らしい機能です。さらに**コメント**も入れてみましょう。友達との交流が深まります。

1. 友達の投稿に「いいね！」

気に入った記事や共感する記事に、**「いいね！」と意思表示をする**ことができます。あなたの「いいね！」は、記事を投稿した人や、同じ記事を見ているほかの人の画面にも表示されます。

パソコンの場合

① 友達の投稿の下に表示されている［いいね！］をクリックします。
② 「いいね！」が青い文字になり、名前が表示されます。

③ 「いいね！」にマウスポインターを合わせると、［いいね！］、［超いいね！］、［うけるね］、［すごいね］、［悲しいね］、［ひどいね］の6種類のリアクションボタンが表示されます。この中から選ぶこともできます。

42

スマートフォンの場合

① 友達の投稿の下に表示されている［いいね！］をタップします。
② 「いいね！」が青い文字になり、名前が表示されます。
③ ［いいね！］を長押しすると、［いいね！］、［超いいね！］、［うけるね］、［すごいね］、［悲しいね］、［ひどいね］の6種類のリアクションボタンが表示されます。この中から選ぶこともできます。

2. コメント

友達の投稿にコメントしてみましょう。誰でも自分の記事に「いいね！」やコメントをもらうのはうれしいものです。

パソコンの場合

① 友達の投稿の下に表示されている［コメントする］をクリックします。
② コメントを入力し、【Enter】キーを押します。

43

③ コメントが確定し、次のコメントの入力欄が表示されます。

スマートフォンの場合

① 友達の投稿の下に表示されている［コメントする］をタップします。
② コメントを入力し、 ▶ ［送信］をタップします。
③ コメントが確定し、次のコメントの入力欄が表示されます。
　※コメントは、続けていくつでも入力することができます。

ひとこと

「いいね！」やコメントを使用すると、その記事は自分の行動として自分のニュースフィードに反映されます。これは友達にその記事を通じて、興味のある内容や新しい人物を紹介することにもなります。興味や関心がある事柄によるつながりや、［友達の友達］というつながりのきっかけになり、Facebookがもっと楽しくなるポイントのひとつです。

3. コメントへの返信

友達から「いいね！」やコメントがあると、［通知］（スマートフォンの場合は［お知らせ］）に数字が表示されます。コメントに返事をしてみましょう。コメントごとに返事をすることができます。

パソコンの場合

① 通知に赤い四角の中に数字が表示されます。

② 友達のコメントの下にある［返信］をクリックします。
③ 返信を入力し、【Enter】キーを押します。コメントの返事が表示されます。

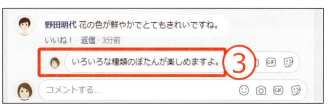

スマートフォンの場合

① 写真の下にある［コメント1件］をタップします。
② コメントの下にある［返信する］をタップします。
③ 返信を入力し、▶ ［送信］をタップします。

45

レッスン4　いろいろな投稿

複数の写真をまとめてアルバムとしてアップロードしたり、外部のサイトからURLのリンクを貼って投稿したり、ニュースフィードに表示された情報をシェアしたりなど、投稿にはいろいろな方法があります。

1．アルバムの投稿

複数枚の写真や動画をアルバムとしてひとつにまとめて投稿することができます。アルバムごとにアルバム名や説明を加えたり、写真ごとにコメントを付けたりできるので、写真の整理や友達と共有する場合に便利です。

パソコンの場合

① タイムラインを表示し、［写真］をクリックします。投稿した写真がすべて表示されます。
② ［アルバムを作成］をクリックします。

③ 保存先からアルバムにアップロードする写真を選択し、［開く］をクリックします。
④ アップロードが完了し、写真が一覧表示されます。

⑤ ［アルバム名］ボックスをクリックし、タイトルを入力します。
⑥ アルバムに説明を追加したい場合は、［説明］ボックスをクリックし、入力します。
⑦ 写真の下の入力欄には、写真ひとつひとつにコメントを追加することもできます。

⑧ どの写真をアルバムの表紙に設定するかを選択することができます。写真右下の［設定］をクリックし、［アルバムカバーにする］をクリックします。
⑨ 「アルバムカバーにする」と表示されたら、［OK］をクリックします。

⑩ 画面右下の［投稿する］をクリックします。

⑪ アルバムが投稿されます。
⑫ アルバムはニュースフィードで確認することができます。

47

スマートフォンの場合

① ニュースフィードを表示し、投稿の入力欄の［写真］をタップします。
② カメラロールからアルバムにアップロードする写真を選択し、［完了］をタップします。
③ ［アルバム］をタップします。

④ ［アルバムを作成］をタップします。
⑤ アルバム名を入力します。説明を追加したい場合は、下の入力欄に説明を入力します。
⑥ ［保存］をタップします。
⑦ 投稿の入力欄に文章を入力して［シェアする］をタップします。

⑧ ［今すぐシェア］をタップします。
⑨ アルバムが投稿されます。

ひとこと

投稿したアルバムはタイムラインの写真から閲覧したり、追加したり、再編集したりできます。

パソコンの場合

① タイムラインの［写真］をクリックします。
② ［アルバム］をクリックします。
③ 作成したアルバム、タイムラインに投稿した写真、カバー写真やプロフィール写真が分類されて表示されます。作成したアルバムをタップします。

49

④ 写真を追加したい場合は、［写真/動画を追加］をクリックします。
⑤ 編集したい場合は、［編集する］をクリックします。編集画面が表示されます。
⑥ アルバム名や説明文の編集、写真ごとの説明文の追加ができます。
⑦ その他にも、アルバムの日付の変更、アルバムの削除、アルバム寄稿者からは友達とアルバムを共有することができます。
⑧ 写真ごとの削除は、写真の右上にマウスポインターを合わせ、［▼］をクリックし、［この写真を削除］をクリックします。
⑨ 編集後、［保存する］をクリックします。

スマートフォンの場合

① タイムラインを表示し、［写真］をタップします。
② ［アルバム］をタップします。
③ 作成したアルバム、携帯アップロード、カバー写真、プロフィール写真が分類されて表示されます。ここから新しいアルバムを作成することもできます。作成したアルバムをタップします。
④ 写真を追加したい場合は、［写真/動画を追加］をタップします。

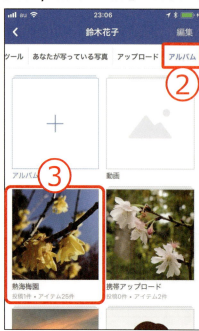

⑤ 画面右上の［・・・］をタップします。
⑥ 編集画面が表示され、アルバム名や説明文の編集ができます。
⑦ ［寄稿者を追加］をオンにすると、友達とアルバムを共有することができます。
⑧ 編集後、［保存］をタップします。
⑨ 写真ごとの説明文の追加や削除などは、写真をタップします。

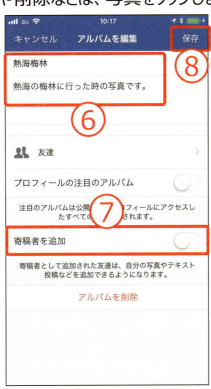

⑩ 写真が大きく表示されます。画面右上の［・・・］をタップします。
⑪ さまざまなメニューが用意されています。目的に合うものをタップします。

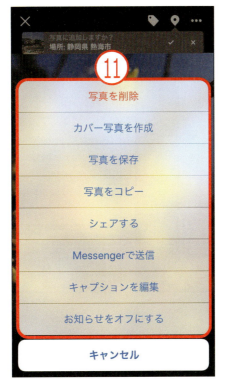

51

2. シェア

シェアとは投稿を自分の友達にも広めることです。おもしろいニュースや気になる情報をシェアすると、その投稿が自分のタイムラインに表示され、自分の友達に知らせることができます。投稿や写真、動画以外にも Web サイトのページなどもシェアできます。

パソコンの場合

① シェアしたい投稿を表示し、右下の［シェアする］をクリックします。
② ［投稿をそのままシェア（友達）］をクリックすると、投稿がそのままシェアされます。コメントを入力したい場合は、［シェア］をクリックします。

③ コメントを入力します。
④ ［投稿する］をクリックします。
⑤ タイムラインで投稿を確認します。

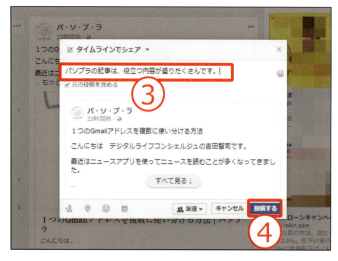

スマートフォンの場合

① ニュースフィードでシェアしたい投稿を表示し、右下の［シェアする］をタップします。
② ［そのままシェア（友達）］をタップすると、投稿がそのままシェアされます。
③ コメントを入力したい場合は、［投稿する］をタップします。
④ コメントを入力して、［投稿する］をタップします。

⑤ タイムラインで投稿を確認します。

53

3. リンクの投稿

ニュースフィードの投稿の入力欄に外部サイトの URL を入力すると、その Web サイトの情報が読み込まれます。外部サイトを紹介したい時に便利な機能です。

① ニュースフィードを表示し、投稿の入力欄に URL を入力します。
② 紹介文を入力します。
③ ［投稿する］をクリックします。
④ 記事が投稿され、クリックするとその Web サイトを表示します。

ひとこと

● **タグ付とは？**

タグ付けとは、誰と一緒にいるのかを示すことができる機能です。写真をアップロードする際に一緒に写っている友達をタグ付けすると、友達の名前が表示され、その名前をクリックすると、その人のプロフィールページへ移動することができます。また、タグ付けされた人のタイムラインにも写真が自動的に投稿されます。他人があなたをタグ付けすること自体を制限することはできませんが、タグ付け投稿を勝手に行わないように設定することはできます。
詳しくは、「第 6 章　Facebook を安全に使おう」を参照してください。

パソコンの場合

スマートフォンの場合

第3章

メッセージを送ろう

Facebook にはメッセージのやり取りができる機能があります。大切な人たちと電子メールや LINE と同じように、手軽に連絡を取り合ったり、通話やビデオ通話をしたりすることできます。Facebook での友達だけでなく、Facebook ユーザーとなら誰とでもやり取りができます。「Messenger（メッセンジャー）」と呼ばれる機能を使ってみましょう。

レッスン1　チャットとメッセージ 56

レッスン2　メッセージの送信 60

レッスン3　メッセージのいろいろな機能 71

レッスン1　チャットとメッセージ

チャットとメッセージは、どちらも同じ **Messenger（メッセンジャー）** という機能で一体化しています。パソコンでは準備はありませんが、スマートフォンやタブレット端末で利用する場合は、Messenger アプリをインストールする必要があります。

1. チャットとは

チャットとは、「おしゃべり」「雑談」という意味で、**1対1または複数の友達と文字でリアルタイムに会話する機能**です。自分と友達の双方が Facebook にログインし、オンライン中の場合に使うことができます。なお、基本的には友達以外とは、1対1のチャットは行えません。
オンライン中の友達を確認するには、パソコンの場合は画面右下のグレーのバーの［チャット］をクリックします。緑色の丸（●）が付いている友達がオンライン中です。

パソコンの場合

スマートフォンやタブレット端末では、 ［メッセージ］をタップすると、Messenger アプリが起動します。緑色の丸（●）が付いている友達がオンライン中です。

スマートフォンの場合

2. メッセージとは

友達がオンライン中ではない場合は**メッセージ**といい、電子メールのようにやり取りすることができます。チャットもメッセージも一体化しており、相手とのやり取りが同じように残ります。

メッセージのやり取りは、パソコンの場合は、画面上の [メッセージ] をクリックして友達を選択します。

パソコンで Messenger の機能を使うには、サイドメニューの [メッセンジャー]、もしくは、 [メッセージ] から表示される一覧の下にある [Messenger ですべて見る] をクリックします。

画面上の [メッセージ] からでも、Messenger からでも友達とのやり取りの内容は、同じものが表示されます。使いやすい方を利用しましょう。

パソコンの場合

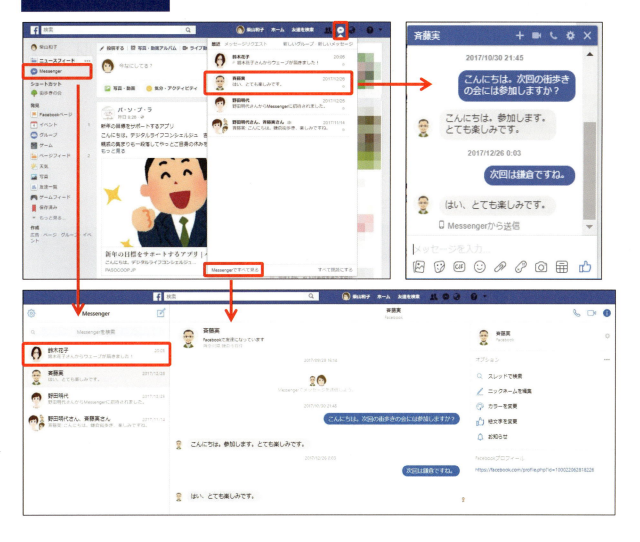

スマートフォンの場合

スマートフォンでは、チャットと同じ 💬 ［メッセージ］から友達を選択します。

3. Messenger のインストール

スマートフォンやタブレット端末でメッセージを使うには、Messenger アプリをインストールします。

スマートフォンの場合

① 💬 ［メッセージ］をタップします。
② ［インストール］をタップします。
③ ［入手］をタップして、インストールします。

④ インストールが完了してアプリを開いたら、［○○としてログイン］をタップします。
⑤ 「通知をオンにしてください」と表示されたら、［OK］をタップします。
⑥ 「"Messenger"は通知を送信します。よろしいですか？」と表示されたら、［許可］をタップします。

⑦ 電話番号は入力しなくても構いません。その場合は、［後で］をタップします。
⑧ 「スマホの連絡先にメッセージを送信」と表示されたら、［OK］をタップします。
⑨ インストールが完了します。［ホーム］をタップします。

Messengerアプリをインストールすると、ホーム画面にアイコンが表示されます。
Messengerは、通話やメールなどを無料で楽しむことができるLINEと同じような機能を持つアプリです。Facebookを使っている人同士のやり取りはもちろん、Facebookユーザーではなくてもアプリを使うことができます。

レッスン2　メッセージの送信

メッセージをやり取りしてみましょう。電子メールやLINEのようなやり取りができ、大変便利です。相手がオンライン中であればチャットになりますが、基本的にはメッセージもチャットも同じ使い方です。

1. メッセージの送信方法

友達にメッセージを送ってみましょう。

パソコンの場合

① 画面右上の [メッセージ] をクリックし、[新しいメッセージ] をクリックします。
② 新規メッセージの画面が表示されます。[宛先] ボックスに友達の名前を入力し、一覧からメッセージを送りたい友達の名前をクリックします。

③ メッセージを入力し、【Enter】キーを押します。
④ 自分が送ったメッセージが青い吹き出しに表示されます。

スマートフォンの場合

① 🟦 ［メッセージ］をタップします。
② 📝 ［新規メッセージ］をタップします。
③ 一覧からメッセージを送りたい友達の名前をタップします。

④ メッセージの入力欄をタップします。
⑤ メッセージを入力し、➤ ［送信］をタップします。
⑥ 自分が送ったメッセージが青い吹き出しに表示されます。

61

ひとこと

Androidでは、新規メッセージのアイコンが が になります。

① [メッセージ] をタップします。
② [新規メッセージ] をタップします。
③ 一覧からメッセージを送りたい友達の名前をタップします。

あとの手順は前ページの手順と同じになります。

入力したメッセージを改行したい時は、パソコンでは【Shift】キーを押したまま【Enter】キーを押します。【Enter】キーだけを押すと、メッセージが送信されてしまうので気を付けましょう。
スマートフォンでは、キーボードの [改行] をタップします。

62

2. メッセージの確認

届いたメッセージを確認しましょう。メッセージが届くと、画面上の［メッセージ］に数字が表示され、新着メッセージがあることを知らせます。数字はメッセージの件数を表します。お互いのメッセージは交互に表示されます。このような表示のことを**スレッド表示**といいます。

パソコンの場合

① メッセージが届くと、画面上の 💬 ［メッセージ］に新着メッセージの通知が表示されます。
② 💬 ［メッセージ］をクリックし、一覧から確認したい友達をクリックします。

③ 届いたメッセージがグレーの吹き出しに表示されます。
④ 送った側は、友達がメッセージを表示すると、メッセージの下にグレーの［✓］と開封時間が表示されます。
⑤ 友達の返信は、グレーの吹き出しに表示されます。

63

スマートフォンの場合

① メッセージが届くと、 [メッセージ] に新着メッセージの通知が表示されます。
② [メッセージ] をタップし、一覧から確認したい友達をタップします。
③ 届いたメッセージがグレーの吹き出しに表示されます。

④ 送った側は、友達がメッセージを表示すると、友達の顔写真とメッセージの下に開封時間が表示されます。
⑤ 友達の返信は、グレーの吹き出しに表示されます。

64

3. 複数の友達へのメッセージの送信

複数人でメッセージやチャットをすることができます。メンバーがメッセージを送信すると、全員のメッセージがひとつのスレッドに表示されます。

パソコンの場合

① [メッセージ]をクリックし、[新しいメッセージ]をクリックします。
② [宛先]ボックスに友達の名前を入力し、一覧から友達をクリックします。

③ 次の友達の名前を入力し、一覧から友達の名前をクリックします。
④ メッセージを入力し、【Enter】キーを押します。
⑤ メッセージが2人の友達に同時に送信されます。

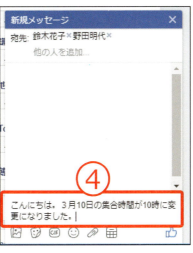

65

⑥ さらに友達を追加する場合は、［＋］をクリックします。
⑦ ボックスに名前を入力し、一覧から友達の名前をクリックします。
⑧ ［完了］をクリックします。
⑨ 友達が追加されます。

スマートフォンの場合

① [メッセージ] をタップします。
② [新規メッセージ] をタップします。
③ 一覧からメッセージを送りたい友達の名前をタップします。

④ ボックスに次の友達の名前を入力し、一覧から友達の名前をタップします。
⑤ メッセージを入力し、 [送信] をタップします。
⑥ メッセージが2人の友達に同時に送信されます。
⑦ さらに友達を追加する場合は、グループをタップします。

⑧ [他の人を追加] をタップします。
⑨ ボックスに名前を入力し、一覧から友達の名前をタップします。
⑩ [完了] をタップします。
⑪ 「他の人を追加」と表示されたら、[OK] をタップします。

⑫ 画面左上の [戻る] をタップして、前の画面に戻ります。

67

● **スレッドに名前を付ける**

複数人でのスレッドには、名前を付けておくとわかりやすくなります。

パソコンの場合

① ［オプション］をクリックし、［スレッド名を編集］をクリックします。
② ボックスにスレッド名を入力し、［終了］をクリックします。
③ スレッドの名前が表示されます。

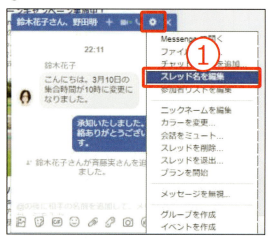

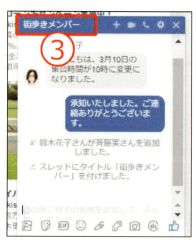

スマートフォンの場合

① グループをタップします。
② ［編集する］をタップします。
③ ［名前を変更］をタップします。

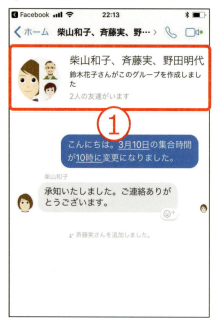

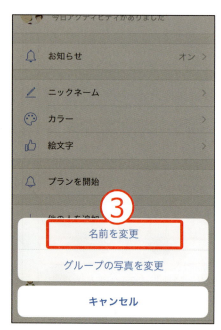

④ ボックスにスレッド名を入力し、[完了]をタップします。
⑤ スレッドの名前が表示されます。
⑥ 画面左上の[戻る]をタップして、前の画面に戻ります。

● **メッセージを削除したい！**
間違って送ってしまったメッセージは、削除することができます。

パソコンの場合

① サイドメニューの [メッセンジャー]をクリックします。
② 削除したいメッセージの近くに表示される[・・・]をクリックし、[削除]をクリックします。
③ 「メッセージを削除」と表示されたら、[削除]をクリックします。

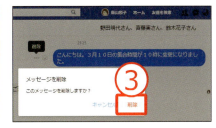

スマートフォンの場合

① 削除したいメッセージの上で長押しし、[削除する]をタップします。

69

● スレッドを削除したい！
必要なくなったスレッドは、削除することができます。

パソコンの場合

① 削除したいスレッドの［オプション］をクリックし、［スレッドを削除］をクリックします。
②「このスレッド全体を削除しますか？」と表示されたら、［スレッドを削除］をクリックします。

スマートフォンの場合

① 削除したいスレッドの上で長押しし、［スレッドを削除］をタップします。
②「スレッドを削除」と表示されたら、［スレッドを削除］をタップします。

レッスン3　メッセージのいろいろな機能

メッセージには、写真やファイルを送ったり、絵文字やスタンプを使って表現豊かなメッセージを送ったりすることができる機能があります。また、文字だけでなく、音声通話やビデオ通話でやり取りすることもできます。

1. 写真やファイルの送信

スレッドの下にあるメニューから送信します。写真はパソコン、スマートフォン、タブレット端末のどれにでも送れますが、PDFファイルやWordなどのファイル送信は、パソコンだけの機能です。

パソコンの場合

① 写真を送りたい相手を選択し、［写真を追加］をクリックします。
② 保存先から送りたい写真を選択し、［開く］をクリックします。

③ 写真が送信されます。メッセージも入力して送りましょう。
④ ファイルの送信は、［ファイルを追加］をクリックします。
⑤ 保存先からファイルを選択して、［開く］をクリックします。
⑥ ファイルが送信されます。

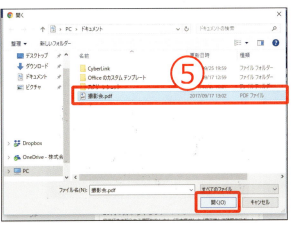

スマートフォンの場合

① 写真を送りたい相手を選択し、［写真を追加］をタップします。
② 「"Messenger"が写真へのアクセスを求めています」と表示されたら、［OK］をタップします。
　※この画面は初回のみ表示されます。
③ 送りたい写真をタップします。

④ ［送信］をタップします。写真が送信されます。

2. スタンプ・絵文字・「いいね！」の送信

スタンプや絵文字、「いいね！」を送ることができます。気軽に使って、コミュニケーションを楽しみましょう。

パソコンの場合

① メッセージの入力欄を表示し、［スタンプを選択］をクリックします。
② 好きなスタンプをクリックすると、送信されます。
③ メッセージの入力欄をクリックすると、スタンプの一覧が非表示になります。

④ スタンプは追加することができます。［＋］をクリックします。
⑤ 好きなスタンプの［無料］をクリックすると、追加されます。
⑥ ［×］をクリックして、スタンプストアのウィンドウを閉じます。

73

⑦ ［絵文字を選択］をクリックし、好きな絵文字をクリックします。
⑧ メッセージの入力欄に絵文字が追加されます。
⑨ ［「いいね！」を送信］をクリックすると、「いいね！」のスタンプを送ることができます。

スマートフォンの場合

① メッセージの入力欄の 😊 をタップします。
② ［スタンプ］をタップします。
③ 好きなスタンプをタップすると、送信されます。

74

④ スタンプは追加することができます。［＋］をタップします。
⑤ 好きなスタンプの［ダウンロード］をタップすると、追加されます。

⑥ ［絵文字］をタップすると、絵文字が表示されます。
⑦ 好きな絵文字をタップすると、メッセージの入力欄に絵文字が追加されます。
⑧ ［いいね！］をタップすると、「いいね！」のスタンプを送ることができます。
⑨ をタップすると、メッセージの入力欄が元の画面に戻ります。

75

- **アニメーション画像の送信**

　［GIF］をタップします。メッセージの入力欄にキーワードを入力すると、キーワードに関連したアニメーション画像が表示されます。好きなアニメーションをタップして送信します。

- **＋ はリアルタイム共有**

　＋ をタップします。位置情報や予定（プラン）などのリアルタイムな情報を共有する機能が利用できます。
位置情報をタップしてみましょう。

赤いピンで位置を確定して送信すると、相手に位置情報を伝えることができます。

76

3. 音声通話・ビデオ通話

Messenger では、文字のやり取りだけでなく、**音声通話**や**ビデオ通話**ができます。スマートフォンやタブレット端末からは使いやすい機能ですが、パソコンでもマイクやカメラがあれば利用できます。電話番号を知らない相手でも、普通の電話と同じように通話することができて便利です。どのデバイスも同じアイコンから開始します。ここでは iPhone の画面を使用して説明します。

スマートフォンの場合

● 音声通話
① 通話したい相手を選びます。
② 📞 をタップすると音声通話、📹 をタップするとビデオ通話になります。
③ 📞 ［音声通話］をタップします。

④ 「"Messenger"がマイクへのアクセスを求めています」と表示されたら、［OK］をタップします。
⑤ 相手を呼び出します。
⑥ 相手が 📞 をタップすると、会話をすることができます。

⑦  をタップして、音声通話を終了します。

● **ビデオ通話**
① 通話したい相手を選びます。
② ▢◦[ビデオ通話]をタップします。
③ 「カメラをオンにしてください」と表示されたら、[設定を開く]をタップします。
④ カメラを[オン]にします。
⑤ 画面左上の[Messenger]をタップして、Messengerに戻ります。

⑥ ビデオ通話が開始されると、相手の画像が大きく表示され、右上に自分が表示されます。
⑦ 画面をタップし、 をタップしてビデオ通話を終了します。

ひとこと

音声通話やビデオ通話は、1対1だけでなく、グループで使用することもできます。Wi-Fiを経由する場合は、通信費用も発生しません。
同時に最大6人までのビデオ映像を一度に表示することができ、最大50人まで音声のみの参加が可能です。
また、ビデオ通話中に、テキスト、スタンプ、絵文字、アニメーション画像(GIF)の送信もできます。

第4章

グループで交流しよう

「グループ」は、Facebook におけるコミュニティ機能のひとつです。グループは誰でも作成でき、登録したメンバーだけでやり取りをします。サークル活動や同窓会、同じ趣味を持つ人同士の集まりなど、仲間同士のコミュニケーションに便利に活用することができます。自分の目的に合ったグループに積極的に参加してみましょう。友達の枠を越えた交流が可能になり、Facebookの楽しみ方がさらに広がります。

レッスン1　グループの見つけ方 80

レッスン2　グループの作成 86

レッスン3　グループでの情報共有 92

レッスン1　グループの見つけ方

グループは、特定の友達と共通の趣味や関心について交流する場です。興味のあるテーマや内容のグループを検索してみましょう。興味のあるテーマを扱うグループがあったら、**参加リクエスト**を出してみましょう。

1. グループとは

グループは、**グループに登録したメンバーだけでやり取りするコミュニティ機能**です。
グループ内では、近況の投稿や写真、動画、リンクのシェア（共有）はもちろん、グループ内のメンバーでイベントを作ったり、みんなで編集できるファイルを共有したりすることができます。
例えば、サークルでグループを作成して連絡事項を投稿したり、活動を報告したり、仲のよい友達でグループを作って旅行のイベントを計画し、行きたい場所やアイデアを書き込んだり、スケジュール表を共有したりといった使い方ができます。
グループは誰でも作成することができます。グループを作成する際には、プライバシーの設定を［公開］、［非公開］、［秘密］の3段階から選びます。グループの目的や用途に合わせて使い分けましょう。

グループのプライバシー設定は以下のとおりです。

- ・公開　　：誰でも自由にグループに参加することができ、グループのメンバーではなくてもグループ内のやり取りを見ることができます。
- ・非公開：グループに参加していない人でも、グループについての説明や参加メンバーを見ることはできますが、グループ内のやり取りは見えません。また、グループに参加するためには、グループの承認が必要です。
- ・秘密　　：そのグループ以外の人からはグループ内のやり取りはもちろんのこと、グループの存在も参加メンバーも見ることができません。参加するには、そのグループのメンバーからの招待が必要です。

2. グループ発見機能

自分にあったグループを見つけやすくするための「発見」という**グループ発見機能**があります。
27のカテゴリーから、おすすめのグループをユーザーに合わせて表示します。子育てや写真など、ユーザーの住んでいる地域のグループや、ユーザーの友達が参加しているグループなどが表示され、公開／非公開を問わず参加したいグループを見つけやすくなっています。

パソコンの場合

① 画面上の［ホーム］をクリックして、ホームページを表示します。
② サイドメニューの［グループ］をクリックします。
③ ［発見］タブをクリックします。カテゴリーとおすすめやローカルのグループ一覧が表示されます。
④ ［＞］をクリックすると、次のカテゴリーが表示されます。

⑤ 好きなカテゴリーをクリックすると、グループが一覧表示されます。
⑥ 興味のあるグループをクリックします。
⑦ グループのプライバシー設定やグループの内容について確認できます。

スマートフォンの場合

① 画面右下の ≡ ［その他］をタップします。

81

② ［グループ］をタップします。
③ ［発見］タブをタップすると、カテゴリーとおすすめグループの一覧が表示されます。
④ カテゴリーは左に、おすすめグループは上にスクロールすると次が表示されます。
⑤ 好きなカテゴリーをタップすると、グループが一覧表示されます。
⑥ 興味のあるグループをタップします。

⑦ グループのプライバシー設定やグループの内容について確認できます。

［グループ］タブには、自分が管理しているグループや、参加しているグループが表示されます。
参加しているグループがなければ何も表示されません。

3. グループの検索

グループを検索してみましょう。グループの名前がわかっていれば、すぐに検索することができます。興味のある内容を入力すると、関連したグループが一覧表示されます。

パソコンの場合

① ［検索］ボックスに検索したいグループ名を入力し、［検索］をクリックします。
② ［グループ］をクリックします。

③ 検索結果が表示されます。グループ名をクリックします。
④ グループのプライバシー設定やグループの内容について確認できます。

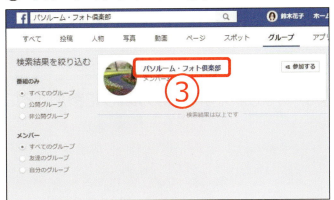 

スマートフォンの場合

① ［検索］ボックスに検索したいグループ名を入力し、キーボードの［検索］をタップします。
② ［グループ］をタップします。
③ 検索結果が表示されます。グループ名をタップします。

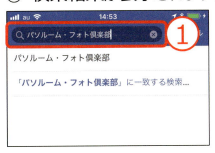 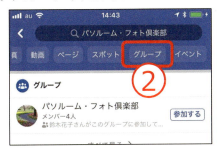 

④ グループのプライバシー設定やグループの内容について確認できます。

4. グループへの参加

興味のあるグループが見つかったら、参加を申し込んでみましょう。非公開グループに参加するには承認が必要です。

パソコンの場合

① グループを表示し、[グループに参加] をクリックします。
② グループの管理者に参加リクエストが届きます。[承認待ち] と表示されます。

84

③ 承認されると、通知がきます。グループに参加することができます。

スマートフォンの場合

① グループを表示し、［グループに参加］をタップします。
② グループの管理者に参加リクエストが届きます。［参加リクエストをキャンセル］と表示されます。
③ 承認されると、通知が届きます。

④ ［参加済み］と表示されます。

ひとこと

グループからはいつでも自分の意志で退出することができます。グループのページを表示し、［参加済み］をクリックして、［グループを退出］をクリックします。「このグループを退出しますか？」と表示されたら、［グループを退出］をクリックします。

レッスン2　グループの作成

Facebookのグループは誰でも作成することができます。サークル仲間との情報共有や関係者だけのミーティングルームなど、いろいろな活用方法があります。グループを作成してみましょう。

1．グループの作成方法

グループを作成してみましょう。

パソコンの場合

① 画面右上の［▼］をクリックし、［グループの作成］をクリックします。
② ［グループの名前を入力］ボックスにグループ名を入力します。

③ ［メンバーを追加］ボックスに追加したい友達の名前を入力します。追加したい友達の名前の一部を入力すると一覧が表示されるので、その中から選択します。
④ 続けて、友達を追加します。

⑤ ［プライバシー設定を選択］を確認します。初期設定では、［非公開グループ］に設定されています。ここでは［秘密のグループ］を選択しています。
⑥ ［作成］をクリックします。

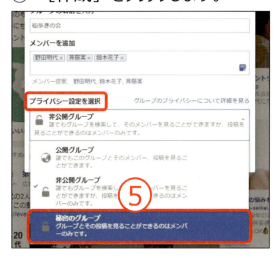

⑦ 好きなグループのアイコンを選択し、［OK］をクリックします。
⑧ グループのページに移動します。
⑨ ［写真をアップロード］をクリックします。

⑩ 保存先から写真を選択し、［開く］をクリックします。
⑪ 写真をドラッグし、位置を調整します。
⑫ ［変更を保存］をクリックします。
⑬ ［ホーム］をクリックして、ホームページに戻ります。

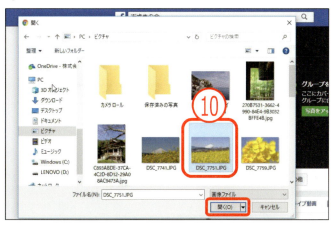

87

スマートフォンの場合

① 画面右下の [≡] ［その他］をタップします。
② ［グループ］をタップします。
③ 画面右上の［＋］をタップします。
④ グループの名前を入力します。

⑤ 追加したいメンバーをタップして［✓］を付けます。
⑥ ［次へ］をタップします。
⑦ ［プライバシー設定を選択］を確認します。初期設定では、［非公開］に設定されています。
⑧ ここでは［秘密］をタップします。
⑨ ［作成する］をタップします。

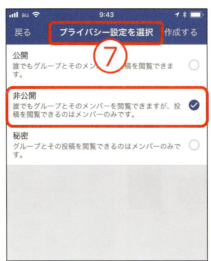
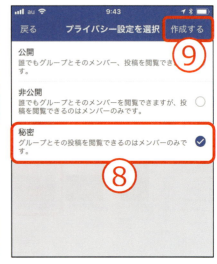

88

⑩ グループのページに移動します。
⑪ ［写真を追加］をタップします。
⑫ カメラロールから写真を選択し、［完了］をタップします。
⑬ ［＜］をタップして、前の画面に戻ります。

2. 友達の追加

グループに友達を追加してみましょう。公開・非公開グループは、自分から参加リクエストを送ることができますが、秘密のグループは外からは見えないので、グループのメンバーが友達を追加します。追加する人と追加したい人は、あらかじめ友達であることが前提です。

パソコンの場合

① ホームページのサイドメニューの［グループ］をクリックします。
② メンバーを追加したいグループをクリックします。

89

③ グループの写真の下にある［メンバーを追加］ボックスに友達の名前の一部を入力し、一覧から友達をクリックします。
④ 追加された友達は、自分のFacebookグループで［参加する］をクリックします。

⑤ メンバーの追加が完了します。

スマートフォンの場合

① 画面右下の ≡ ［その他］をタップし、［グループ］をタップします。
② メンバーを追加したいグループをタップします。
③ ［メンバーを追加］をタップします。

90

④ まだメンバーになっていない友達が表示されます。
⑤ メンバーに追加したい友達をタップして［✓］を付けます。
⑥ ［完了］をタップします。

⑦ 追加された友達には、グループへの参加が完了した通知が届きます。
⑧ タップして確認すると、追加が完了していることを確認できます。

91

レッスン3 グループでの情報共有

グループに参加したら投稿してみましょう。文字、写真、動画、外部サイトへのリンクなどは通常の投稿と同じです。ほかにグループ内だけで共有するイベントの作成や、パソコンからはファイルを共有したりすることができます。

1. グループへの投稿

グループに何か書いて投稿してみましょう。

パソコンの場合

① グループを表示します。
② ［何か書く］をクリックします。
③ 文章を入力し、［投稿する］をクリックします。
　※写真や動画を追加したい場合は、［写真・動画］をクリックしてファイルを選択します。

④ 投稿が完了します。

スマートフォンの場合

① グループを表示します。
② ［何か書く］をタップします。
③ 文章を入力し、［投稿する］をタップします。
　※写真を同時に投稿する場合は、［写真］からファイルを選択します。
④ 投稿が完了します。

ひとこと

● グループのメンバーの画面

グループの誰かがグループに投稿すると、ほかのメンバーのFacebook画面に新しいお知らせの通知が表示されます。
グループに投稿された記事はニュースフィードに流れてきますが、投稿者の名前の右にグループ名が表示されるので、グループへの投稿であることがわかります。

2. ファイルの投稿

PDF ファイルや Word、Excel などで作成したファイルをグループに投稿できます。この機能はパソコンからの投稿に限られます。

① 投稿画面を表示します。［その他］をクリックし、［ファイルを追加］をクリックします。
② ［ファイルを選択］をクリックします。

③ 保存先からファイルを選択し、［開く］をクリックします。
④ ファイルが選択されたことを確認します。
⑤ 文章を入力して、［投稿する］をクリックします。

⑥ 投稿が完了します。
⑦ グループのメンバーは［プレビュー］をクリックすると内容が確認でき、［ダウンロード］をクリックするとファイルをパソコンに保存することができます。

3. 投稿の固定

常に表示しておきたい投稿や一定期間見てほしい投稿は、**グループのトップに固定しておくこと**ができます。最大3つまでの投稿を固定することができます。この機能もパソコンに限られます。

① 固定したい投稿の右にある［・・・］をクリックします。
② ［投稿をトップに固定］をクリックします。

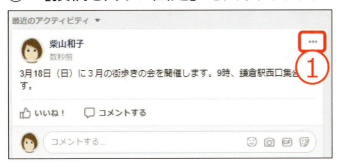

③ ［固定された投稿］と表示され、投稿がトップに固定されます。
④ 固定を解除する場合は、［・・・］をクリックし、［固定表示を解除］をクリックします。

4. 投稿の保存

投稿は保存しておくことができます。ニュースフィードには多くの投稿が流れてくるので、大事な投稿や気になる投稿など、あとから探すのが大変な時があります。保存しておけば、あとから読むことができて便利です。この機能はグループ内に限らないので、覚えておきましょう。

パソコンの場合

① 保存したい投稿の右にある［・・・］をクリックします。
② ［投稿を保存］をクリックします。

③ 画面上の［ホーム］をクリックしてホームページを表示します。
④ サイドメニューの［保存済み］をクリックします。
⑤ 投稿が保存されていることを確認します。

⑥ 保存を取り消すには、［・・・］をクリックし、［保存を取り消す］をクリックします。

スマートフォンの場合

① 保存したい投稿の右にある［・・・］をタップします。
② ［投稿を保存］をタップします。
③ 画面右下の ≡ ［その他］をタップします。

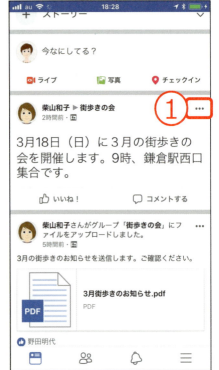

96

④　[保存済み]をタップします。
⑤　投稿が保存されていることを確認します。
⑥　保存を取り消すには、[・・・]をタップし、[保存の取り消し]をタップします。

ひとこと

● **イベントの作成**
グループだけで共有するイベントを作成することができます。メンバーの参加の可否などが確認できて便利な機能です。

パソコンの場合

①　投稿画面の[その他]をクリックし、[イベントを作成]をクリックします。
②　入力画面にイベント名、場所、日時、詳細内容を入力して、[作成]をクリックします。
③　イベントが作成されます。

97

④ グループのメンバーには、イベントへの招待が届きます。［参加予定］、［未定］、［参加しない］のいずれかをクリックして、参加の可否を伝えます。

スマートフォンの場合

① 投稿画面の [その他] をタップします。
② ［グループのイベントを作成］をタップします。
③ 入力画面が表示されます。

④ イベント名、場所、日時、詳細内容を入力して、[作成する]をタップします。
⑤ イベントが作成されます。
⑥ グループのメンバーには、イベントへの招待が届きます。[参加予定]をタップし、[参加予定]、[未定]、[参加しない]のいずれかをタップして参加の可否を伝えます。

※イベントについては、第5章の「レッスン2 イベント」を参照してください。

● アンケートの作成

グループのメンバーを対象に、簡単なアンケートを取ることができます。多数決で決めたい時などに活用できます。

パソコンの場合

① 投稿の下にある[アンケート]をクリックします。
② 質問と回答肢を入力し、[投稿する]をクリックします。
③ アンケートがグループに投稿されます。
④ メンバーは、回答肢の[□]をクリックして、回答を知らせます。

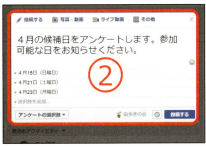

99

スマートフォンの場合

① 投稿の下にある［アンケート］をタップします。
② 質問と回答肢を入力し、［投稿する］をタップします。
③ アンケートがグループに投稿されます。
④ メンバーは、回答肢の［○］をタップして、回答を知らせます。

● **グループの削除**

グループはいつでも削除することができますが、メンバーが全員退会している必要があります。
グループを削除する場合は、事前にメンバーに通知し、退会してもらいましょう。最後に管理者（グループ作成者）が退会すると、自動的にグループが削除されます。

第5章

Facebookをもっと楽しもう

Facebook には、友達とつながるだけではない楽しみ方がいろいろ用意されています。企業や団体、著名人などが情報を発信する Facebook ページや Facebook 上で告知されるイベントは情報の宝庫です。また、近況投稿を日記代わりに利用したり、ゲームを楽しんだり、あるいは、災害支援ハブで世界のどこかで起きている災害に目を向けたり…。Facebook はあなたの世界を広げてくれます。

レッスン 1　Facebook ページ 102
レッスン 2　イベント...109
レッスン 3　Facebook のいろいろな楽しみ方 118

レッスン1　Facebookページ

Facebook ページは、企業や団体、著名人などが情報を発信したり、ユーザーと交流したりすることが目的で作成されたページのことです。Facebookページのファンになると、そのFacebookページに関する情報を得ることができます。

1. Facebookページの検索

実際にFacebookページを閲覧してみましょう。ここでは、パソコープが運営するFacebookページ「パ・ソ・プ・ラ（わたし流デジタルの楽しみ方）」を検索します。

パソコンの場合

① ［検索］ボックスに「パソプラ」と入力し、【Enter】キーを押します。
② 検索結果が表示されます。［パ・ソ・プ・ラ］をクリックします。

③ 「パ・ソ・プ・ラ」のFacebookページが表示されます。

102

スマートフォンの場合

① ［検索］ボックスに「パソプラ」と入力し、キーボードの［検索］をタップします。
② 検索結果が表示されます。［パ・ソ・プ・ラ］をタップします。
③ 「パ・ソ・プ・ラ」のFacebookページが表示されます。

2. Facebookページへの「いいね！」

「パ・ソ・プ・ラ」のFacebookページのファンになってみましょう。「パ・ソ・プ・ラ」のFacebookページに記事が投稿されると、自分のニュースフィードに表示されます。

パソコンの場合

① 「パ・ソ・プ・ラ」のFacebookページの上部にある［いいね！］をクリックします。
② ［いいね！］が［「いいね！」済み］になり、［フォローする］が［フォロー中］に変わります。

103

③ 画面上の［ホーム］をクリックします。
④ 「パ・ソ・プ・ラ」で投稿された記事がニュースフィードに表示されます。

スマートフォンの場合

① 「パ・ソ・プ・ラ」のFacebookページにある［いいね！］をタップします。
② ［いいね！］が［「いいね！」済み］になり、［フォローする］が［フォロー中］に変わります。
③ 画面左下の［フィード］をタップします。
④ 「パ・ソ・プ・ラ」で投稿された記事がニュースフィードに表示されます。

104

ひとこと

● 「いいね！」をしたFacebookページの一覧表示

パソコンでは、ホームページのサイドメニューにある［Facebook ページ］をクリックすると、「いいね！」を押したページが一覧で表示されます。

● 「いいね！」をしたFacebookページの取り消し

「いいね！」を取り消したい場合は、取り消したいFacebookページを表示し、［「いいね！」済み］をクリックして、［「いいね！」を取り消す］をクリックすると、取り消すことができます。

パソコンの場合

スマートフォンの場合
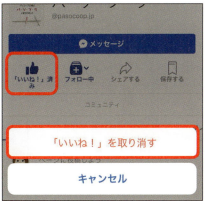

やってみよう！

団体や企業の Facebook ページを閲覧してみましょう。気に入ったら、「いいね！」をクリックしてファンになりましょう。

1) クラブツーリズム
2) そうだ 京都、行こう。（JR東海）
3) JR東日本国内ツアー
4) ルトロン（おでかけ動画マガジン）
5) PECO［ペコ］（ペット）
6) サッカー日本代表
7) Yahoo!映像トピックス
8) デリッシュキッチン（動画レシピ）
9) クラシル（動画レシピ）
10) ナショナル ジオグラフィック日本版

105

3. 投稿記事への「いいね！」とコメント

気に入った記事があったら「いいね！」をクリックしてみましょう。記事にコメントや写真を投稿することもできます。

パソコンの場合

① 気に入った記事を選択し、［いいね！］をクリックします。
② コメントの入力欄にコメントを入力します。

③ 写真や動画を添付したい場合は、［写真または動画を添付］をクリックします。
④ 保存先から投稿したい写真を選択し、［開く］をクリックします。

⑤ 【Enter】キーを押すと、コメントと写真が投稿されます。

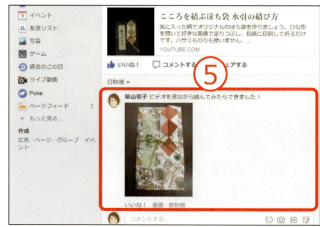

スマートフォンの場合

① 気に入った記事を選択し、［いいね！］をタップします。
② ［コメントする］をタップし、コメントの入力欄にコメントを入力します。
③ 写真や動画を添付したい場合は、［カメラ］をタップし、カメラロールから投稿したい写真を選択して、［完了］をタップします。

④ ［送信］をタップすると、コメントと写真が投稿されます。

107

● Facebookページへのメッセージの送信

ページに問い合わせをしたり、質問をしたりすることができます。

パソコンの場合

［メッセージを送る］をクリックし、メッセージの入力欄に内容を入力して【Enter】キーを押します。メッセージが送信されます。

スマートフォンの場合

［メッセージ］をタップし、メッセージの入力欄に内容を入力して、▷［送信］をタップします。メッセージが送信されます。

レッスン2　イベント

Facebookには**イベント**と呼ばれる、Facebook上でイベントの告知や集客ができる機能があります。イベント情報を得たり、興味のあるイベントに参加したり、自分でイベントの企画や募集をかけたりすることが簡単にできます。

1. イベントを探す

近々開催される予定のあるイベントを探してみましょう。

パソコンの場合

① ホームページのサイドメニューにある［イベント］をクリックします。
② イベントページに、「おすすめ」や「Facebookで人気」のイベントが表示されます。
③ 気になるイベントをクリックします。

④ イベントの詳細ページが表示されます。画面をスクロールして、日時や場所、詳細から参加費、参加資格、申し込み方法などを確認します。
⑤ ［興味あり］や［参加予定］をクリックすると、意思表示をすることができます。
⑥ ［・・・］をクリックして、［保存する］をクリックすると、イベントを保存することができます。あとからゆっくり検討したい時に便利です。

⑦ 画面上の［ホーム］をクリックして、ホームページのサイドメニューにある［保存済み］をクリックします。
⑧ イベントが保存されていることを確認します。

スマートフォンの場合

① 画面右下の ≡ ［その他］をタップします。
② ［もっと見る］をタップします。
③ ［イベント］をタップします。
④ 「おすすめ」や「Facebookで人気」のイベントが表示されます。
⑤ 気になるイベントをタップします。

⑥ イベントの詳細ページが表示されます。画面をスクロールして、日時や場所、詳細から参加費、参加資格、申し込み方法などを確認します。
⑦ ［興味あり］や［参加予定］をタップすると、意思表示をすることができます。
⑧ ［その他］をタップします。
⑨ ［保存する］をタップすると、イベントを保存することができます。あとからゆっくり検討したい時に便利です。

⑩ ［＜］をタップして、前の画面に戻り、［保存済み］をタップします。
⑪ イベントが保存されていることを確認します。

111

2. イベントの作成

イベントを作成してみましょう。**イベントには、公開イベントと非公開イベントがあります**。公開イベントはすべての人に表示され、誰でも検索することができます。非公開イベントはゲスト以外には表示されません。ここではサークル仲間の懇親会を非公開イベントとして作成してみましょう。

パソコンの場合

① ホームページのサイドメニューにある［イベント］をクリックします。
② ［イベントを作成］をクリックし、［非公開イベントを作成］をクリックします。

③ イベント作成画面にイベント名、場所、日時、詳細内容を入力します。
「日付」はカレンダーのマークをクリックすると選択できます。
イベントの写真は、［おすすめのテーマ］から好きなものを選択するか、［写真または動画をアップロード］をから好きな写真などを選択すると設定されます。
④ ［非公開イベントを作成］をクリックします。

⑤ ［招待］をクリックし、［友達を選択］をクリックします。
⑥ 招待する友達をクリックして［✓］を付けます。
⑦ ［招待を送信］をクリックします。

⑧ イベントに招待した友達や参加予定の友達の人数が表示されます。

⑨ 招待された友達には［お知らせ］に通知が届きます。［お知らせ］をクリックし、［イベントの招待］をクリックします。

⑩ 参加できるかどうかを知らせます。ここでは、［参加予定］をクリックします。
⑪ 参加予定者に登録されます。

⑫ 主催者の［お知らせ］に通知が届きます。

スマートフォンの場合

① 画面右下の ≡ ［その他］をタップします。
② ［もっと見る］をタップします。
③ ［イベント］をタップします。
④ ［作成する］をタップします。

114

⑤ ［非公開イベントを作成］をタップします。
⑥ ［イベント名］をタップして、イベント名を入力します。
⑦ ［今日 xx:xx］をタップします。
⑧ 開催日時を設定し、［OK］をタップします。

⑨ ［位置情報］をタップし、場所を入力します。場所が一覧から選択できる場合もあります。
⑩ イベントの詳細を入力します。
⑪ ［作成する］をタップします。
⑫ イベントが作成されます。

115

⑬ ［招待する］をタップします。
⑭ 招待する友達をタップして［✔］を付けて、［招待］をタップします。
⑮ 招待された友達には、［お知らせ］に通知が届きます。タップして、通知を表示します。

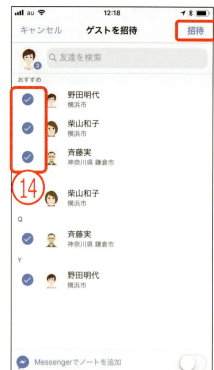

⑯ 参加できるかどうかを知らせます。ここでは、［参加予定］をタップします。
⑰ 主催者の［お知らせ］に通知が届きます。

116

Facebook を使用していない友達には、パソコンからはメールまたは SMS で招待することができます。

① イベントの［招待］をクリックし、［SMS またはメールで招待］をクリックします。
② 招待したい人のメールアドレスをボックスに入力し、［招待を送信］をクリックします。

③ 招待された人にはメールが届きます。
④ 参加できるかどうかを知らせます。ここでは、［参加予定］をクリックします。

117

レッスン3　Facebookのいろいろな楽しみ方

Facebookには、友達とつながるだけではない楽しみ方があります。**近況の投稿を日記代わりに利用**したり、**ゲーム**を楽しんだり、**ライブ動画**を観たりすることなどもできます。Facebookはあなたの世界を広げてくれます。

1. 日記としての利用

Facebookの投稿は、公開範囲を自分で決めることができます。［自分のみ］を設定して投稿すると、自分以外の人は見ることができません。日記として利用することができます。

パソコンの場合

① 投稿の入力欄に近況を入力し、共有範囲をクリックします。
② ［もっと見る］をクリックします。
③ ［自分のみ］をクリックします。

④ ［投稿する］をクリックします。
⑤ 投稿記事に鍵マークが付き、自分のみの投稿になっていることを確認します。

118

スマートフォンの場合

① 投稿の入力欄に近況を入力し、共有範囲をタップします。
② ［その他］をタップします。
③ ［自分のみ］をタップして、［✓］を付けます。
④ ［完了］をタップします。

⑤ ［シェアする］をタップします。
⑥ 投稿記事に鍵マークが付き、自分のみの投稿になっていることを確認します。

119

🟦 ひとこと

投稿した記事の日付は、あとから変更することができます。
投稿記事の右にある［・・・］をクリックし、［日付の変更］をクリックします。変更したい日付を設定して［保存する］をクリックします。

🌿 コラム 🌿　Facebookをフォトブックにするサービス

Facebookのタイムラインに投稿した記事や写真がフォトブックになるサービスがあります。半年分、1年分など、期間を定めてフォトブックにすることで、思い出を形にして残すことができます。

● **ハピログ**（https://happylogue.com/）

ハピログは、Facebook、Twitter、Instagram、Facebookページから期間を指定して、フォトブックを作成するサービスです。Facebookは、個人のタイムライン、Facebookグループ、Facebookページが指定でき、簡単で手軽に作成できるのが魅力です。

● **マイブック・ブログ製本サービス**（http://www.mybooks.jp/facebook/）

ブログやTwitter、Facebookから本を作成するサービスです。Facebookは、個人のタイムライン、Facebookグループ、Facebookページが本になります。
縦書き、横書き、2段組み、3段組みなど文面のレイアウトや、表紙のデザインを選択できるのが特徴です。1冊から作成することができます。

2. ゲームで遊ぶ

Facebook には、誰でも簡単に楽しめるインスタントゲームが多数用意されています。ひとりで楽しむことや、友達と対戦することもできます。代表的なものをご紹介します。

パソコンの場合

① ホームページのサイドメニューにある［もっと見る］をクリックします。
② ［ゲーム］をクリックします。

③ ［インスタントゲーム］をクリックします。
④ ゲームが一覧表示されます。

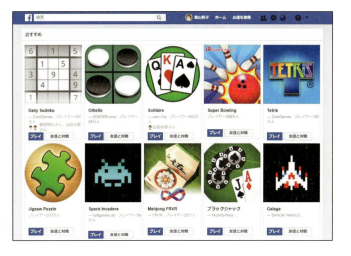

スマートフォンの場合

① 画面右下の ☰ ［その他］をタップします。
② ［もっと見る］をタップします。
③ ［インスタントゲーム］をタップします。
④ ゲームが一覧表示されます。

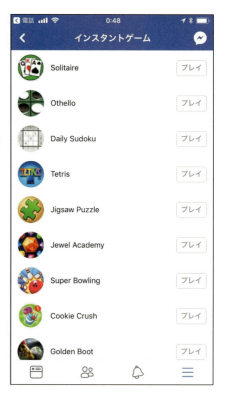

やってみよう！

● **Daily Sudoku（デイリー数独）**

数独（すうどく）は、3×3のブロックに区切られた 9×9 の正方形の枠内に、1～9 までの数字を入れるパズルです。開いているマスに 1～9 までの数字を入れます。その際に、縦・横の各列および太線で囲まれた 3×3 のブロック内に同じ数字が複数入らないように数字を選びます。

① ［Daily Sudoku］の［プレイ］をクリックします。

122

② ［ゲームをプレイ］をクリックします。
③ ［Okey］をクリックします。
④ 難易度は、ここではもっとも簡単な［easy］をクリックします。

⑤ スタートします。
⑥ 下の数字を選択してマス目をクリックすると数字が入力されます。
⑦ 完成すると、得点が表示されます。［next］をクリックすると、次の問題が表示されます。
⑧ ［share］をクリックすると、投稿できます。

⑨ コメントを入力して［投稿する］をクリックします。友達にゲームを紹介しましょう。

● **Solitaire（ソリティア）**

Solitaire（ソリティア）は、ひとりで遊ぶことができるカードゲームです。
右上の山札からカードをめくっていきます。めくられたカードとすでに開かれているそれぞれの列の一番上のカードは、カードの数字がひとつずつ少なくなっていき、しかも黒と赤を交互に重ねていくことができます。
左上の4つの場にマークごとにA～Kまで積み上げるとあがり、そのタイムを競います。

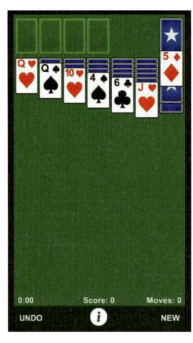

● **Jigsaw Puzzle（ジグソーパズル）**

Jigsaw Puzzle（ジグソーパズル）は、デイリーパズルボックスで新しいパズルを受け取ります。
ピースの数は自分で増やしたり、減らしたりすることができます。

3. 写真の編集

投稿する写真は、印象を変えるフィルターをかけたり、不要な部分を切り取ったり、スタンプや文字を追加したりするなどの編集ができます。

パソコンの場合

① 投稿の入力欄に写真を追加し、［写真を編集］をクリックします。

② 編集画面が表示されます。［フィルター］から好きなフィルターをクリックします。
③ ［保存する］をクリックします。
④ 編集後の写真が追加されます。

⑤ ［切り取る］では、四隅のハンドルをドラッグして写真をトリミングすることができます。正方形に切り取ったり、回転させたりすることもできます。

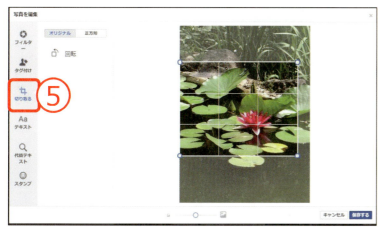

⑥ ［スタンプ］は、好きなスタンプをクリックして挿入し、位置や大きさを調整します。

⑦ ［テキスト］は、好きな文字を入力して挿入し、書体や色、位置、大きさを調整します。

スマートフォンの場合

投稿の入力欄に写真を追加し、［編集する］をタップします。下のメニューから編集します。

126

4. いろいろなメニュー

パソコンはサイドメニュー、スマートフォンは ☰ ［その他］に、いろいろなメニューが用意されています。
　［天気］では、天気予報を見ることができます。
　［災害支援ハブ］では、世界中で発生した災害を知ることができ、セーフティチェック（災害時安否確認機能）や災害の多くの情報を得ることができます。
　［ライブ動画］では、世界中から配信中の動画を閲覧することができます。Facebook ユーザーなら誰でも自分のスマートフォンからライブ動画を配信できます。

パソコンの場合

天気

災害支援ハブ

ライブ動画

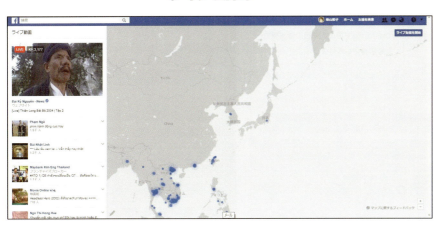

127

スマートフォンの場合

天気

災害支援ハブ

ライブ動画

128

第6章

Facebookを安全に使おう

Facebook は友人との交流を楽しむネット上の社交場です。気持ちよく交流するためのマナーを知り、守ることは大切なことです。自分に関する個人情報については、プライバシーの設定で細かく設定することができるので、必ず確認しておきましょう。また、不正アクセスなどを防ぐためのセキュリティの設定についても学び、安心して安全に利用できるようになりましょう。

レッスン1　Facebookのマナー 130

レッスン2　プライバシーの設定 132

レッスン3　セキュリティの設定 139

レッスン4　その他の設定 145

レッスン1　Facebookのマナー

Facebookは、友人と気軽にコミュニケーションがとれる楽しい交流の場所です。うっかりマナー違反をしてしまわないよう、十分気を付けなければいけません。楽しく安全に利用するためのマナーを確認しておきましょう。

1. 利用上のマナーのポイント

ここではFacebookを利用する上で、特に意識しておいた方がよいマナーを取り上げます。

- **友達リクエスト**

実生活で面識のない人に友達リクエストを送るのはやめましょう。共通の友達がいる場合は、その人に紹介してもらうようにします。また、友達リクエストを送る際には、**メッセージを添えて送るようにすると相手に安心感を与えます。**

- **写真の投稿**

他人が写っている写真をその人に断りなく投稿するのはマナー違反です。投稿する前に「Facebookに写真を載せてもいいですか？」という確認を忘れずに。確認できない場合や個人が特定できなければ問題にならない場合は、顔にぼかしを入れるなどの処理をしてから投稿しましょう。

- **友達の実名アップ**

実名登録が基本のFacebookですが、投稿内の文章中に**友達の実名を掲載するのも、本人に確認してからにしましょう**。確認できない場合は、ニックネームで掲載するなどの配慮が必要です。

- **タグ付け**

「タグ付け」とは、一緒に写真に写っている人を知らせることができる機能です。その場にいることを知られたくない場合もあるので、**事前承諾なしにタグ付けをするのはやめましょう**。プライバシーの設定で、自分が写っている写真に無断でタグ付けされないようにすることができます。

- **他人のタイムラインへの書き込み**

タイムラインは、ユーザー個人の庭のようなものです。誕生日のコメントなどを除いて、**タイムラインに投稿する内容か、メッセージやコメントに書くべきものか、よく考えてから投稿する**ようにしましょう。

- **相手の立場の尊重**

Facebookでのコミュニケーションは、日常のコミュニケーションと同じです。**相手の立場を尊重し、失礼のない、よりよい関係を構築するよう心がけていきましょう。**

🌿 コラム 🌿　Facebook コミュニティ規定

Facebook は、「誰もが安心して情報を共有できる、オープンでつながりのある世界を実現すること」をミッションとしており、利用者が安心して使うために**コミュニティ規定**が設けられています。コミュニティ規定は、どんなコンテンツをシェアしていいのか、どんなものが報告や削除の対象になるのかという目安を分かりやすくするためのポリシーです。

実名使用については「アカウントと個人情報の保護」の中で、「Facebook では、利用者の皆様に実名でのやり取りをお願いしています。言動が実名や実社会の評判に結びつくために、責任ある発言や行動が促されるしくみです」と明言しています。

以下、概要を「コミュニティ規定」より抜粋します。
https://www.facebook.com/communitystandards/

● **安全の確保**
人身に実際の危害を及ぼす、または公共の安全を直接脅かすおそれがあると思われる場合には、Facebook はコンテンツを削除し、アカウントを停止し、法執行機関に協力します。

● **礼儀正しい行動**
多くの人々が自分の体験を広め、大切だと思われる問題について社会の意識を高めるためにFacebookを利用しています。そのため、自分と異なる意見を目にすることもあるでしょう。Facebookとしては、それは難しい問題について有意義な意見交換を行うきっかけになると考えています。とはいえ、多様な人々からなるコミュニティのニーズ、安全、関心のバランスが取れるように、対応に注意を要する種類のコンテンツを削除したり、公開範囲を制限したりする場合があります。

● **アカウントと個人情報の保護**
Facebook は利用者のアカウントの安全と個人情報の保護に全力を尽くします。Facebook に参加すると、利用者は自分の実名と実際の個人情報の使用に同意したことになります。他者の個人情報を本人の承諾なしに公開してはいけません。

● **著作物の保護**
Facebook は利用者が自分にとって大事なことを分かち合う場所です。利用者がFacebook で投稿したコンテンツおよび情報は、すべて利用者が所有するものであり、プライバシー設定およびアプリケーション設定を使用して、どのように共有するかを利用者自身で管理することができます。とはいえ、Facebook でコンテンツをシェアする前には、ご自分にその権利があるかどうかをご確認ください。著作権や商標など各種の法的権利を尊重したうえでのご利用をお願いします。

レッスン2 プライバシーの設定

Facebookを利用する上で特に気を付けておきたいのが**プライバシーの設定**です。不要なトラブルを避けるためにも、どのような事柄があるのか確認し、状況に合わせて設定しておきましょう。

1. プライバシーの設定を変更する場所

プライバシーに関する設定は、パソコンは［設定］で、スマートフォンは［その他］で変更します。

パソコンの場合

① 画面右上の［▼］をクリックします。
② ［設定］をクリックします。
③ ［プライバシー］をクリックします。

スマートフォンの場合

① 画面右下の ☰ ［その他］をタップします。
② 画面を下から上にスクロールし、［プライバシーショートカット］をタップします。

2. 公開から友達への設定変更

投稿の共有範囲や友達リクエストができる人などの設定を確認し、必要に応じて変更します。初期設定は、ほとんどが［公開］や［全員］になっています。ここでは［友達］もしくは［友達の友達］に設定を変更してみましょう。

パソコンの場合

① ［アクティビティ］の［今後の投稿の共有範囲］の右にある［編集する］をクリックします。
② ［公開］をクリックします。
③ ［友達］をクリックします。
④ ［閉じる］をクリックします。

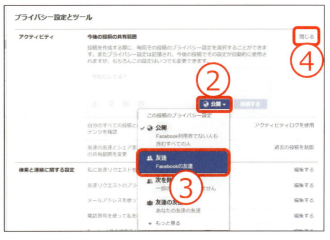

⑤ ［検索と連絡に関する設定］の［私に友達リクエストを送信できる人］の右にある［編集する］をクリックします。
⑥ ［全員］をクリックして、［友達の友達］をクリックします。
⑦ ［閉じる］をクリックします。

133

⑧ ［友達リクエストのプライバシー設定は？］についても、［編集する］をクリックし、［友達］に変更して閉じます。
⑨ ［メールアドレスを使って私を検索できる人］についても、［編集する］をクリックし、［友達の友達］にします。

⑩ ［電話番号を使って私を検索できる人］についても、［編集する］をクリックし、［友達の友達］にします。

スマートフォンの場合

① ［プライバシー設定の確認］をタップします。
② ［次へ］をタップします。
③ ［公開］をタップします。

④ ［友達］をタップして［✓］を付けて、［完了］をタップします。
⑤ ［次へ］をタップします。
⑥ さらに［次へ］をタップします。誕生日の［年］を友達に知られたくない場合は、［友達］をタップして、［自分のみ］を設定します。

⑦ ［完了］をタップします。

⑧ ［自分に友達リクエストを送信できる人］をタップします。
⑨ ［友達の友達］をタップして［✓］を付けます。［＜］をタップして、前の画面に戻ります。
⑩ 設定が変更されていることを確認します。

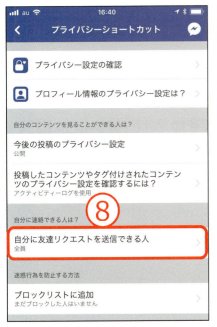

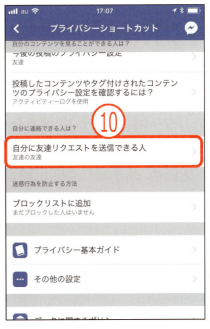

スマートフォンでさらに詳細な設定をする場合は、次の通りです。

① ［その他の設定］をタップします。
② ［プライバシー］をタップします。
③ ［自分がフォローしている人物やページ、リストを見られる人］、［友達リクエストのプライバシー設定］、［メールアドレスを使って私を検索できる人］、［電話番号を使って私を検索できる人］が変更できます。

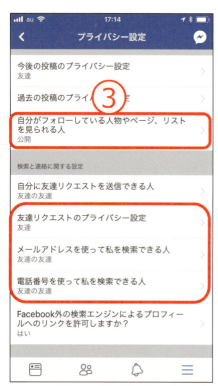

3．タグ付けの設定変更

初期設定では、**友達は自分のタイムラインに自分がタグ付された投稿ができる**ようになっています。
「自分がタグ付けされた投稿をタイムラインに表示する前に確認しますか？」を「オン」にしておくと、自分が承認した場合のみ、タイムラインに掲載されるようになります。
タイムラインに表示される前に確認できるように設定しておきましょう。

136

パソコンの場合

① ［タイムラインとタグ付け］をクリックします。
② ［確認］の［自分がタグ付けされた投稿をタイムラインに表示する前に確認しますか？］の右にある［編集する］をクリックします。

③ ［オフ］をクリックし、［オン］をクリックします。
④ ［閉じる］をクリックします。
⑤ ［他の人があなたの投稿に追加したタグを他の人に表示する前に確認しますか？］についても、［編集する］をクリックし、［オン］にします。
⑥ ［閉じる］をクリックします。

137

スマートフォンの場合

① ［その他の設定］をタップします。
② ［タイムラインとタグ付け］をタップします。
③ ［他の人があなたの投稿に追加したタグを他の人に表示する前に確認しますか？］をタップします。

  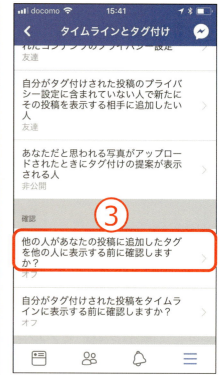

④ ［タグの確認］をタップして［オン］にします。
⑤ ［＜］をタップして前の画面に戻ります。
⑥ ［自分がタグ付けされた投稿をタイムラインに表示する前に確認しますか?］をタップします。
⑦ ［タイムライン掲載の確認］をタップして［オン］にし、前の画面に戻ります。

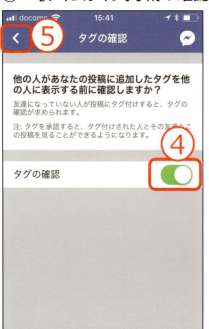  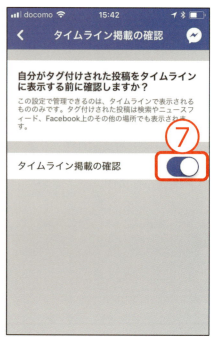

138

レッスン3　セキュリティの設定

Facebookは実名登録を前提としているので、セキュリティ上の問題が発生したら、あなた自身の個人情報はもちろんのこと友達にも迷惑をかけてしまう可能性があります。セキュリティの設定を確認しましょう。

1. ログイン・ログアウト

自宅のパソコンを使っている時は、Facebookにログインしたまま終了しても構いませんが、外出先のパソコンで使用するような場合は必ずログアウトしてから、Facebookを終了する必要があります。ログインとログアウトの操作を確認しましょう。

パソコンの場合

① ログアウトは、画面右上の［▼］をクリックし、［ログアウト］をクリックします。

② ログインは、Facebookにアクセスし、最近のログインから自分をクリックします。
③ パスワードを入力し、［ログイン］をクリックします。

139

スマートフォンの場合

① ログアウトは、画面右下の ☰ [その他] をタップし、[ログアウト] をタップします。
② ログインは、Facebook アプリを起動し、パスワードを入力して [ログイン] をタップします。

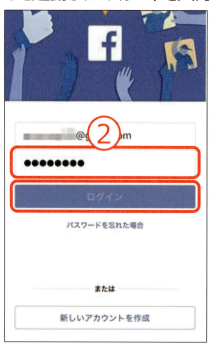

2. パスワードの変更

ログイン時に利用するパスワードは、**英数字や記号などを交ぜた長い文字列にするように工夫して、「破られにくいパスワード」を作成しましょう**。パスワードは他人に知られないように十分注意して管理する必要があります。また、定期的に変更することをお勧めします。

パソコンの場合

① 画面右上の [▼] をクリックし、[設定] をクリックして [セキュリティとログイン] をクリックします。
② [パスワードを変更] の右にある [編集する] をクリックします。
③ 使用中のパスワードと新しいパスワードを入力し、[変更を保存] をクリックします。

スマートフォンの場合

① 画面右下の ［≡］［その他］をタップし、［プライバシーショートカット］の［その他の設定］をタップします。
② ［セキュリティとログイン］をタップします。
③ ［パスワードを変更］をタップします。
④ 使用中のパスワードと新しいパスワードを入力し、［変更を保存］をタップします。

3. 二段階認証

前述したようにパスワードを定期的に変更するのはもっとも安心な対応策ですが、手間がかかる上に管理も煩雑になるので、パスワードの変更は怠りがちになります。
パスワードによる認証に加えて、セキュリティ強化の方法として**二段階認証**を設定しておくことをお勧めします。二段階認証とは認証を二段階に分けることで、パスワードとは別にもうひとつ「鍵」をかけるしくみのことです。
ログインする際に、ユーザー本人しか知り得ないコードをその都度発行して入力を求めます。コードの発行は、あらかじめ登録しておいた電話番号宛にSMS（ショートメッセージサービス）で送る方法が使われています。

141

パソコンの場合

① ［セキュリティの強化］の［二段階認証を使用］の右にある［編集する］をクリックします。
② ［SMS・携帯電話を追加］をクリックします。

 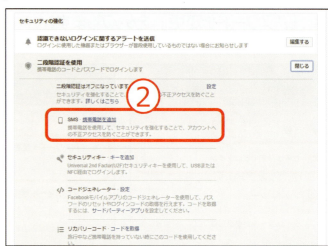

③ ［携帯電話番号を認証］ダイアログボックスの［携帯連絡先情報］ボックスに携帯電話の番号を入力し、［次へ］をクリックします。
④ 携帯電話に SMS で送られた認証コードを［認証コードを入力］ダイアログボックスのボックスに入力し、［確認］をクリックします。設定が完了します。

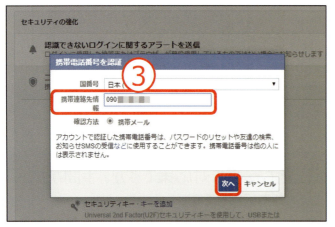 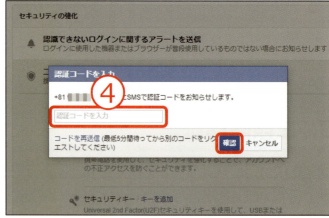

スマートフォンの場合

① ［セキュリティとログイン］の［二段階認証を使用］をタップします。
② ［二段階認証］の右にある［□］をタップします。
③ ［設定をスタート］をタップします。

  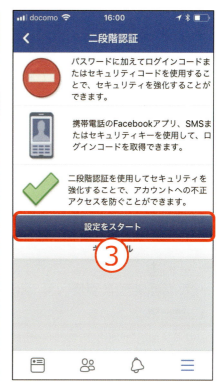

④ 携帯電話番号を入力し、［次へ］をタップします。
⑤ 携帯電話に SMS で送られた認証コードを入力し、［次へ］をタップします。
⑥ ［閉じる］をタップします。

143

Facebook には、**ログインできなくなった時に備えて友達を信頼できる連絡先として指定しておくこと**ができ、その友達から回復用の URL とリカバリーコードを入手してログインできるようにする機能があります。

　［セキュリティとログイン］の［アカウントにアクセスできなくなった時に助けてもらう友達を 3〜5 人選択］の右にある［編集する］をクリックし、友達を選択します。

　いざという時のために設定しておくと安心です。

パソコンの場合

スマートフォンの場合

144

レッスン4　その他の設定

Facebookを快適に利用するために必要な設定を紹介します。必要に応じて設定するようにしましょう。

1. お知らせメール

Facebookでは、投稿にコメントが入ったり、重要なお知らせがあったりすると、登録したメールアドレス宛にメールで知らせてくれる機能があります。受信するメールの量が多いと感じた場合、メールでのお知らせを重要なメールだけに設定を変更することができます。

パソコンの場合

① 画面右上の［▼］をクリックし、［設定］をクリックします。

② ［お知らせ］をクリックし、［メールアドレス］の右にある［編集する］をクリックします。

③ ［アカウント、セキュリティ、プライバシーに関するお知らせのみ］をクリックします。

145

④ 「その他のお知らせすべてをオフにしますか？」と表示されたら、［オフにする］をクリックします。

スマートフォンの場合

① 画面右下の [≡]［その他］をタップし、［プライバシーショートカット］の［その他の設定］をタップします。
② ［お知らせ］をタップします。
③ ［メールアドレス］をタップします。
④ ［アカウント、セキュリティ、プライバシーに関するお知らせのみ］をタップします。

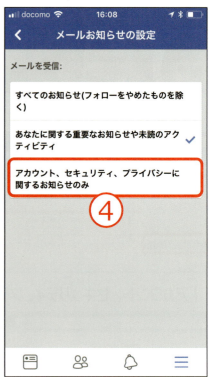

2. 追悼アカウント

Facebookには**追悼アカウント**が用意されています。追悼アカウントとは、利用者が亡くなったあとで友達や家族が集い、その人の思い出を共有するための場所です。追悼アカウントは、アカウント所有者の名前の横に「追悼」と表示され、アカウントのプライバシー設定に応じて、友達は追悼タイムラインで思い出をシェアできます。また、「知り合いかも」の提案や広告、誕生日のお知らせなどの公開スペースには表示されなくなります。
アカウントを追悼アカウントにするか、Facebookから完全に削除するかは、自分で選ぶことができます。アカウントを追悼アカウントにする場合は、アカウントの管理人を指定します。死後にアカウントを削除する場合は、管理人の指定は必要ありません。

パソコンの場合

① ［一般］をクリックし、［アカウントを管理］の右にある［編集する］をクリックします。

② ［追悼アカウント管理人］のボックスに管理人に指定したい人の名前を入力し、［追加］をクリックします。管理人はFacebookで友人になっている必要があります。
③ メッセージの画面が表示されます。設定したことを相手に知らせるために［送信］をクリックします。※追悼アカウントになった際に知らせる場合は［後で］をクリックします。

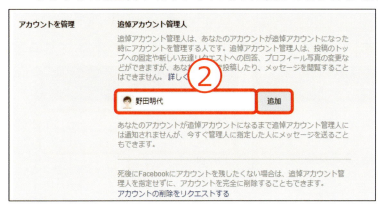
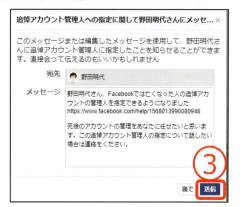

147

④ 「メッセージが送信されました」と表示されたら、[OK]をクリックします。
⑤ 追悼アカウント管理人が設定されたこと確認します。

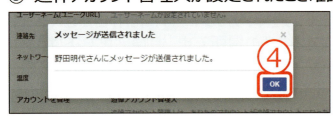

⑥ 死後にアカウントを完全に削除したい場合は、[アカウントの削除をリクエストする]をクリックします。
⑦ 「死後にアカウントを削除しますか？」と表示されたら、[死後に削除]をクリックします。
　※死後にアカウントを削除することを選択すると、管理人の指定は削除されます。

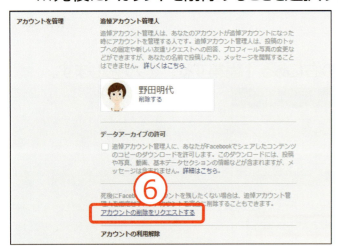
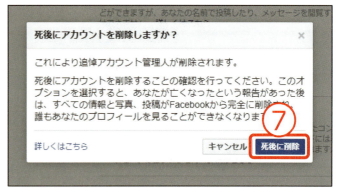

スマートフォンの場合

① 画面右下の ≡ [その他]をタップし、[プライバシーショートカット]の[その他の設定]をタップします。
② [一般]をタップします。
③ [アカウントを管理]をタップします。
④ [追悼アカウント管理人]をタップします。

⑤ ［アカウントの削除］をタップします。
⑥ 「死後にアカウントを削除しますか？」と表示されたら、［削除しない］をタップし、［保存する］をタップします。
⑦ ［追悼アカウント管理人を選択］をタップします。

⑧ ［友達を選択］をタップして、管理人に指定したい人の名前を入力します。管理人はFacebookで友達になっている必要があります。
⑨ メッセージの画面が表示されます。設定したことを相手に知らせるために［送信］をタップします。※追悼アカウントになった際に知らせる場合は［後で］をタップします。

⑩ 死後にアカウントを削除したい場合は、［死後にアカウントを削除する］をタップし、［保存する］をタップします。
⑪ 確認画面で［死後に削除］をタップします。
　※死後にアカウントを削除することを選択すると、管理人の指定は削除されます。

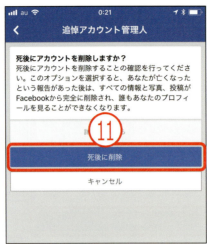

追悼アカウントへの切り替えは、ヘルプセンターから、亡くなった方の名前や日付、死亡を証明できる書類などを揃えて、リクエストを送信します。

パソコンの場合

① 画面右上の ❓ をクリックし、［ヘルプセンター］をクリックします。

② ［検索］ボックスに「追悼アカウントへの移行」と入力し、【Enter】キーを押します。
③ ［もっと見る］をクリックします。

④「追悼措置をとるべきプロフィールを・・・」の［こちら］をクリックします。

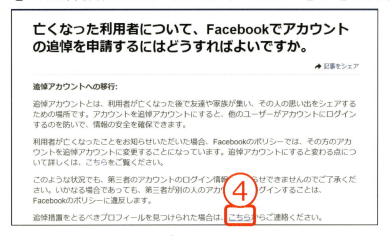

⑤ 入力画面が表示されます。必要事項を入力して［送信］をクリックします。

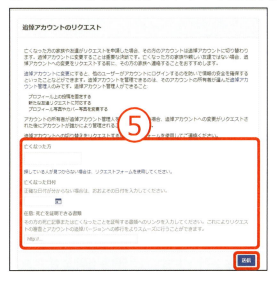

スマートフォンの場合

① 画面右下の ≡ ［その他］をタップし、［ヘルプとサポート］をタップします。
② ［ヘルプセンター］をタップします。
③ ［検索］ボックスに「追悼アカウントへの移行」と入力し、キーボードの［検索］をタップします。
④ ［亡くなった利用者について、・・・］をタップします。

 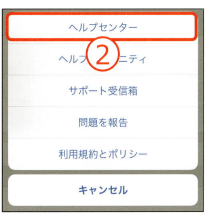 

151

⑤ 表示された画面を上にスクロールし、［削除をリクエスト］をタップします。
⑥ 入力画面に必要事項を入力します。
⑦ ［送信］をタップします。

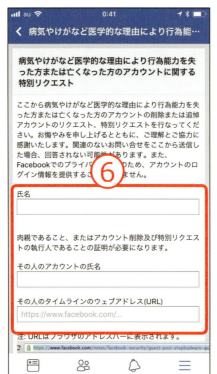

3. アカウントの利用解除

Facebook の利用をやめたい場合は、**アカウントの利用解除**を行います。利用を解除すると、プロフィールが無効になり、Facebook でシェアしたほとんどのコンテンツから名前と写真が削除されます。ただし、友達リストや送信したメッセージなど、一部の情報が残る可能性があります。

パソコンの場合

① ［一般］の［アカウントを管理］の右にある［編集する］をクリックします。

152

② ［アカウントの利用解除］をクリックします。

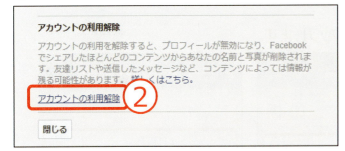

③ 該当する項目をクリックして、［利用解除］をクリックします。

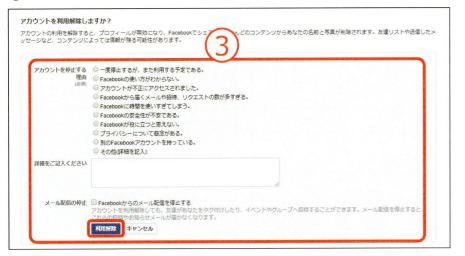

スマートフォンの場合

① 画面右下の ≡ ［その他］をタップし、［設定］をタップします。
② ［アカウント設定］をタップします。
③ ［一般］をタップします。

④ ［アカウントを管理］をタップします。
⑤ ［アカウント］をタップします。
⑥ ボックスにパスワードを入力して、［次へ］をタップします。

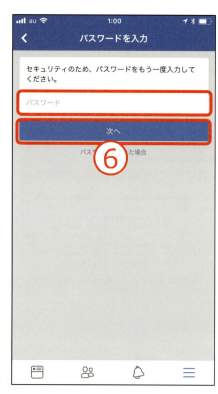

⑦ アカウントの利用解除の画面で該当する項目を選択します。
⑧ ［利用解除］をタップします。

154

Facebook の利用を完全に終了したい場合は、**アカウントの削除**を行います。アカウントを削除すると、Facebook から**自分のアカウントが完全に消滅し、永久に復活できない状態になります**。また、投稿や写真、友達なども消去され、友達からは何も確認できなくなり、検索することも不可能になります。

パソコンの場合

① ヘルプセンターで「アカウント削除」と入力して検索します。
② ［自分のアカウントを完全に削除するにはどうすればよいですか。］をクリックします。

③ ［Facebook にご連絡ください］をクリックします。

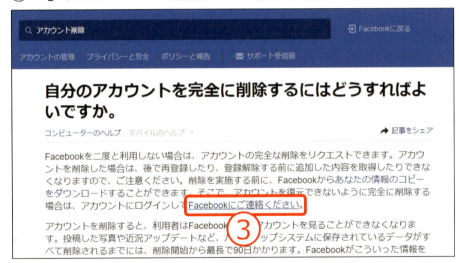

④ ［アカウントを削除］をクリックします。

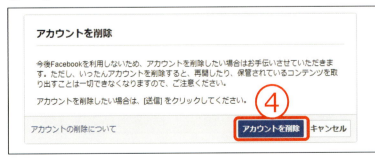

⑤ ［アカウントを永久に削除］ダイアログボックスの［パスワード］ボックスにパスワードを入力し、セキュリティチェックの文字を入力して、［OK］をクリックします。

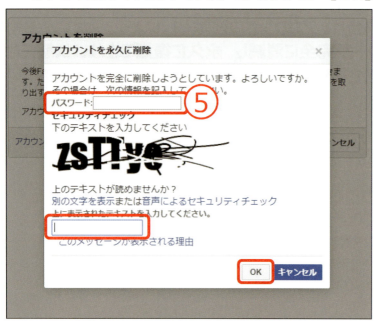

スマートフォンの場合

① ヘルプセンターで「アカウント削除」と入力して検索します。
② ［自分のアカウントを完全に削除するにはどうすればよいですか。］をタップします。
③ ［Facebookにご連絡ください］をタップします。
④ ボックスにパスワードを入力して、［送信する］をタップします。

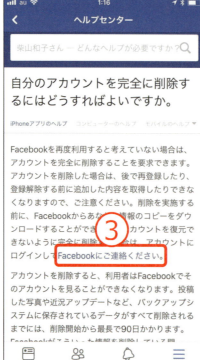
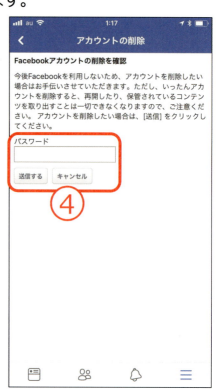

おわりに

私がFacebookをはじめたのは、2010年の11月でした。パソコン教室の先生仲間から勧められたのがきっかけですが、当時はまだ利用している人はほとんどいませんでした。
それが1年も経つとFacebookでの友達が200人近くになり、近況を投稿するだけでなく、グループ機能を利用して日々の業務連絡をしたり、勉強会で知り合った仲間と連絡し合ったりと、コミュニケーションに欠かせないものとなったのです。
それから8年。今ではFacebookがなくては仕事も事欠くような状態です。こんなにも長い期間、しかも毎日利用し続けているFacebookにはとても大きな魅力があると感じています。
Facebookを利用している60代以上の方にお話を聞いてみました。

・藤井千穂子さん（自分史活用アドバイザー）

自分史活用アドバイザーの資格をとったらアドバイザー仲間との付き合いがはじまり、兵庫県や和歌山県など全国に友達ができ、皆さん若い方ばかりですが相手をしてくれています。私が投稿するのは月に1、2度ですが、毎日皆さんの投稿は見ています。これが楽しいです。いろいろな人の生活や考え方、勉強していることがわかり、自分もがんばろうという気持ちになります。そして、珍しいものを食べたり、見たり、旅行に行ったりしたら、みんなに報告しなくちゃと思うようになりました。

・小林ヤス子さん（パソルーム戸塚教室の生徒さん）
Facebookは新聞やテレビのニュースなどでは論じられていない社会問題について、自分の意見を書くことができ、またそれに対して別の意見が書き込まれるといろいろな意見を見聞きすることになります。これが面白いですね。結果として自分の思考を再考察することができます。LINEでの友達とのやり取りではできない楽しみです。写真加工アプリで遊んだ写真を投稿するのも楽しいです。「いいね！」してもらえると張り合いになります。

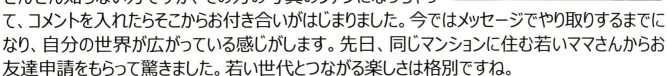

・小林晴美さん（パソルーム戸塚教室の生徒さん）
ぜんぜん知らない方ですが、その方の写真のファンになっちゃって、コメントを入れたらそこからお付き合いがはじまりました。今ではメッセージでやり取りするまでになり、自分の世界が広がっている感じがします。先日、同じマンションに住む若いママさんからお友達申請をもらって驚きました。若い世代とつながる楽しさは格別ですね。

皆さん、Facebookで人とつながることを楽しんでいらっしゃるようですね。Facebookの魅力は、インターネットに接続できる環境さえあれば、いつでもどこにいても友達とつながり、近況や共感を伝え合えることにあります。より良いつながりは、私たちの毎日をより豊かなものにしてくれます。どうぞこの世界を楽しみ、今以上に充実した毎日をお過ごしいただければと思います。

2018年2月　柴田和枝

索 引

英字

Facebook アカウント	7
Facebook コミュニティ規定	131
Facebook とその他の SNS との違い	4
Facebook の特徴	2
Facebook のマナーのポイント	130
Facebook の由来	3
Facebook ページ	5, 6, 102
Facebook ページの検索	102, 103
Facebook ページへの「いいね！」	103, 104
Facebook ページへのメッセージの送信	108
Facebook を使用していない友達のイベントへの招待	117
Facebook をフォトブックにするサービス	120
Instagram（インスタグラム）	4
LINE（ライン）	4
Messenger のインストール	58
Twitter（ツイッター）	4

あ

アカウント作成	7, 9
アカウントの削除	155, 156
アカウントの利用解除	152, 153
アクティビティログ	30
アニメーション画像の送信	76
アルバムの投稿	46, 48
アンケートの作成	99, 100
「いいね！」のしくみ	5
「いいね！」ボタン	5, 42, 43
「いいね！」をした Facebook ページの一覧表示	105
「いいね！」をした Facebook ページの取り消し	105
イベント	109
イベントの作成	112, 114
イベントを探す	109, 110
お知らせメール	145, 146
音声通話	77

か

カバー写真の設定	14, 16
画面	
お知らせ	30
その他	30
ホームページ（Android の場合）	31
ホームページ（iPhone の場合）	29
ホームページ（パソコンの場合）	28
リクエスト	30
基本データ	17
誕生年の非表示	18, 19
近況の投稿	36, 37
グループ	2, 80
グループだけで共有するイベントの作成	97, 98
グループの検索	83
グループの削除	100
グループの作成	86, 88
グループのトップへの投稿の固定	95
グループのプライバシー設定	80
グループのメンバーの画面	93
グループ発見機能	80, 81
グループへの参加	84
グループへの投稿	92, 93
グループへの友達の追加	89, 90
グループへのファイルの投稿	94
ゲームで遊ぶ	121, 122
公開から友達への設定変更	133, 134
個人ページ	5, 6
コメントへの返信	45

さ

災害支援ハブ	127、128
シェア	52, 53
実名投稿	2
写真の投稿	40, 41, 130
写真の編集	125, 126
写真やファイルの送信	71, 72
「知り合いかも」機能	25
スタンプ・絵文字・「いいね！」の送信	73, 74
スレッドに名前を付ける	68

158

スレッドの削除　……………………… 70
スレッド表示　…………………………… 63
ソーシャル・ネットワーキング・サービス（SNS）
　……………………………………… 2, 4

た

タイムライン　……………………… 34, 35
タグ付け　………………………… 54, 130
タグ付けの設定変更　………… 136, 138
チャット　………………………………… 56
追悼アカウント　………………… 147, 148
追悼アカウントへの切り替え　…. 150, 151
天気　……………………………… 127、128
投稿記事への「いいね！」とコメント
　………………………………… 106, 107
投稿したアルバムの閲覧と編集　…. 49, 50
投稿した記事の削除　…………… 38, 39
投稿した記事の日付の変更　………… 120
投稿の共有範囲　……………………… 38
投稿の保存　……………………… 95, 96
友達が検索できない場合　…………… 25
友達の検索方法　………………… 20, 21
友達の投稿が表示されない場合　……. 32
友達の投稿への「いいね！」　……. 42, 43
友達の投稿へのコメント　………… 43, 44
友達リクエスト　…………… 22, 23, 130
友達を信頼できる連絡先として指定する方法
　……………………………………… 144

な

二段階認証　………… 141, 142, 143
日記としての利用　…………… 118, 119
ニュースフィード　………………… 2, 29

は

パスワードの変更　…………… 140, 141
ビデオ通話　……………………………… 78
複数の友達へのメッセージの送信… 65, 66
プライバシーの設定を変更する場所　… 132
プロフィール写真の設定　………… 13, 15
プロフィール設定　……………………… 11
プロフィールページ　……………… 34, 35
ヘルプセンター　………………… 150, 155

ホームページ　……………… 28, 29, 31

ま

メールアドレスの認証　………………… 8
メッセージ　………………………… 2, 57
メッセージの確認　……………… 63, 64
メッセージの削除　……………………… 69
メッセージの送信　……………… 60, 61

ら

ライブ動画　………………… 127、128
リアルタイム共有　……………………… 76
リンクの投稿　…………………………… 54
ログイン・ログアウト　………… 139, 140

159

■著者紹介

柴田 和枝（しばた かずえ）

一般社団法人パソコープ　理事
株式会社パソルーム　代表取締役
1996年横浜市戸塚区と泉区でシニア・ミセスのためのITカルチャースクール「パソルーム」を開校。現役講師として、パソコンやタブレット、スマートフォン、デジタルカメラなどの講座を行い、アクティブシニアのためのコミュニケーションを重視した教室づくりに励む。
2007年に地域密着型のパソコン教室6法人と一般社団法人パソコープを設立。デジタルライフコンシェルジュとして、講師育成や教材、テキストの開発、ICT（情報通信技術）講座の開催など、身近なテーマで暮らしに役立つICT活用法の普及に尽力している。2015年に写真整理アドバイザー資格制度を立ち上げた。
主な著書に「50歳からはじめる人生整理術 終活のススメ」（日経BP）がある。
パソコープ認定トレーナー、写真整理上級アドバイザー、自分史アドバイザー、終活カウンセラーなどの資格を取得。

・パソルームホームページ　　　http://www.pasoroom.jp
・パソルームFacebookページ　　https://www.facebook.com/pasoroom.jp/
・パソルーム教室ブログ　　　　http://www.pasoroom.jp/category/blog/
・一般社団法人パソコープ　　　http://www.pasocoop.org

■協力
　パソルーム　野口　明子

■本書についてのお問い合わせ方法、訂正情報、重要なお知らせについては、下記Webページをご参照ください。なお、本書の範囲を超えるご質問にはお答えできませんので、あらかじめご了承ください。

　　http://ec.nikkeibp.co.jp/nsp/

いちばんやさしい60代からのFacebook

2018年3月19日　初版第1刷発行

著　　者	柴田　和枝	
発 行 者	村上　広樹	
発　　行	日経BP社	
	東京都港区虎ノ門4-3-12　〒105-8308	
発　　売	日経BPマーケティング	
	東京都港区虎ノ門4-3-12　〒105-8308	
DTP制作	柴田　和枝	
カバーデザイン	石田　昌治（株式会社マップス）	
印　　刷	大日本印刷株式会社	

・本書の無断複写・複製（コピー等）は著作権法上の例外を除き、禁じられています。購入者以外の第三者による電子データ化および電子書籍化は、私的使用を含め一切認められておりません。
・本書に記載している会社名および製品名は、各社の商標または登録商標です。なお、本文中に™、®マークは明記しておりません。
・本書の例題または画面で使用している会社名、氏名、他のデータは、一部を除いてすべて架空のものです。

© 2018 Kazue Shibata

ISBN978-4-8222-5339-4　　Printed in Japan